LE MAGASIN GÉNERAL DES SOIES DE LYON

LE

MAGASIN GENERAL

DES SOIES DE LYON

DECRETS, STATUTS ET RAPPORTS

LYON
IMPRIMERIE DE LOUIS PERRIN
rue d'Amboise, 6

1863

LE MAGASIN GENERAL

DES SOIES DE LYON.

A Société anonyme du Magasin général des Soies de Lyon fut constituée au mois de septembre 1859, & autorisée par un décret en date du 29 octobre suivant.

Un autre décret de même date autorisait la Société à établir à Lyon un Magasin général & une Salle de ventes publiques dans l'ancien hôtel de la Succursale de la Banque de France.

La Société était autorisée par ses Statuts :

1° *A recevoir en entrepôt, dans ses magasins, les cocons, les soies gréges & ouvrées, les douppions, les bourres & les déchets de soie, enfin, toutes les matières soyeuses pures ou mélangées, indigènes ou exotiques, autres que les tissus ;*

2° *A délivrer des récépissés-warrants, sur la demande des déposants & conformément aux prescriptions de la loi du* 28 *mai* 1858*;*

3° *A ajouter aux warrants, toujours sur la demande des déposants, un bulletin de garantie de la somme prêtée ;*

4° *A faire la vente publique des soies & autres matières soyeuses pour le compte des personnes qui l'en chargeraient, ou seulement à louer la salle de vente à celles qui désireraient diriger elles-mêmes leurs ventes.*

Au commencement de juin 1860, *les divers travaux, qui avaient été entrepris dans l'ancien hôtel de la Banque pour l'approprier à sa nouvelle destination, étaient terminés, la Société commençait ses opérations.*

Celles du 1er exercice ſemeſtriel furent à peu près nulles, auſſi l'inventaire, préſenté à l'Aſſemblée générale de février 1861, accuſait-il un premier déficit de 6,483 fr. 35 c.

Nouvelle perte de 7,933 fr. 40 c. ſur le 2e exercice ſemeſtriel de janvier à juin 1861, ce qui élevait à 14,416 fr. 75 c. la perte totale au 30 juin 1861.

Toutefois le mouvement d'entrée des marchandiſes au Magaſin général ſe développa pendant le 3e exercice, de juillet à décembre 1861, cependant pas ſuffiſamment pour couvrir les frais de cet exercice, & l'inventaire, clos le 31 décembre 1861 & ſoumis à l'Aſſemblée générale en février 1862, préſentait un nouveau déficit de 5,022 fr. 35 c., qui élevait à 19,439 fr. 10 c. la perte totale depuis l'ouverture du Magaſin général.

A partir de là, le mouvement fut aſſez animé pour donner un produit ſupérieur aux frais, & l'inventaire, clos le 30 juin 1862, qui comprenait les opérations du 4e exercice ſemeſtriel, ſe ſoldait par un profit de 3,056 fr. 67 c.

C'était peu ſans doute; mais, à dater de cette époque, le mouvement des marchandiſes & des warrants a été toujours en progreſſant, ainſi que l'atteſte l'inventaire clos le 31 décembre 1862, et préſenté à l'Aſſemblée générale en février 1863.

Les bénéfices de l'année 1862 ont permis d'amortir les 19,410 fr. de perte antérieure & de couvrir les frais généraux.

Depuis lors, le mouvement s'eſt accru & s'accélère encore, & à moins d'événements imprévus, il eſt certain que les Actionnaires pourront recevoir un dividende ſur les produits de l'exercice de 1863.

La confiance des Actionnaires dans l'avenir de l'Etabliſſement ne s'eſt pas démentie malgré les difficultés dont les débuts ont été entourés; il s'eſt écoulé près de quatre années ſans que l'intérêt du capital verſé ait été payé, le premier verſement ayant eu lieu, en ſouſcrivant les actions, dans le courant de 1859. Pendant cette longue période militante, un très-petit nombre d'actions ont changé de mains, & les membres du Conſeil d'adminiſtration n'ont voulu recevoir aucun jeton de préſence.

Le tableau comparatif qui eſt placé à la fin de cette notice permet de juger du mouvement des marchandiſes & des warrants. Quant aux ventes publiques volontaires, elles ont été à peu près inſignifiantes ; il faudra longtemps encore avant que ce mode de vente ſoit accepté par les fabricants de tiſſus de ſoie, qui tiennent à inſpecter minutieuſement & à ſoumettre à diverſes épreuves les ſoies qu'ils achètent pour les mettre en œuvre.

L'établiſſement de ſervices français de navigation dans les mers de l'Indo-Chine, la création de banques françaiſes en Chine & dans l'Inde, de plus grandes facilités données au tranſit, le changement qui tend à s'opérer dans le commerce des ſoies, l'habitude de faire un uſage régulier des Magaſins généraux, tout cela amènera, dans un jour peu éloigné, l'organiſation de ventes publiques de ſoies à Lyon. Mais ce qui contribuera le plus à faire recourir davantage aux magaſins généraux, aux war-

rants & aux ventes publiques, ce fera l'amélioration confidérable apportée dans leur fervice par fuite de la mefure dont la Société du Magafin général des foies de Lyon a pris l'initiative.

Ce n'eft pas, en effet, un feul Magafin général des foies, ifolé, qui peut fervir utilement le commerce, c'eft une ligne de Magafins généraux des foies établis à Marfeille, à Avignon, à Lyon, à Paris, ayant des règlements & des tarifs uniformes & expreffément faits pour le commerce des foies.

La foie, cette matière fi précieufe, exige pour fa manutention des foins tellement minutieux & délicats qu'elle ne faurait être convenablement reçue & gardée dans des Magafins généraux ouverts à toute efpèce de marchandifes; c'eft ce que la pratique a déjà démontré à la Compagnie des Docks & Entrepôts de Marfeille.

Il faut que l'on arrive par l'unité d'adminiftration & l'uniformité de tarif & de règlement à ce point qu'une balle de foie, dépofée dans un Magafin général & repréfentée par un warrant qui aura été négocié, puiſſe être tranſportée d'un Magaſin général à l'autre, en n'étant chargée que de frais de tranſport. Cette balle n'aura à payer de magaſinage & d'aſſurance contre l'incendie que pour le temps qu'elle aura ſéjourné dans les divers Magaſins généraux; la liquidation de ces frais n'aura lieu qu'au moment du retrait définitif de la balle. Ce ſyſtème ſi ſimple, ſi favorable au mouvement des affaires, et qui ſera utilement complété par le bénéfice d'un tarif de tranſport réduit pour les ſoies aſiatiques en tranſit, donnera à notre commerce des avantages inconteſtables, & avec un Conſeil d'adminiſtration composé d'hommes qui ont une grande expérience de ce commerce ſpécial, on peut tenir pour certain que la Société du Magaſin général des ſoies apportera à ſes ſervices tous les progrès & tous les perfectionnements que la pratique ſuggèrera.

TABLEAU COMPARATIF des cinq exercices semestriels du 1er juillet 1860 au 31 décembre 1862	ENTREES.		SORTIES.		Entrées & Sorties réunies.		WARRANTS délivrés.		BULLETINS de garantie.		STOCK en fin d'exercice
	Nombre de Balles	Poids en kilogram.	Nombre de Balles.	Poids en kilogram.	Nombre de Balles.	Poids en kilogram.	Nombre de warrants.	Montant des warrants.	Nombre de bulletins	Montant des Bulletins.	Nombre de Balles.
								fr.		fr.	
du 1er juillet au 31 décembre 1860	85	5,184	49	2,627	134	7,811	54	249,998	41	176,556	34
du 1er janvier au 30 juin 1861	515	34,661	438	28,915	953	63,576	230	1,691,295	146	833,325	113
du 1er juillet au 31 décembre 1861	921	74,368	523	40,058	1,444	114,426	394	2,333,094	332	1,412,850	509
du 1er janvier au 30 juin 1862	1,555	120,326	1,213	94,619	2,768	214,945	774	6,471,233	523	2,645,232	851
du 1er juillet au 31 décembre 1862	1,847	140,485	1,953	150,757	3,800	291,243	1,142	8,602,289	946	5,297,505	745

SOCIETE ANONYME

DU

MAGASIN GENERAL DES SOIES

DE LYON

DECRET

Autorisant la Société anonyme formée à Lyon sous la dénomination de MAGASIN GÉNÉRAL DES SOIES DE LYON, *& approuvant ses Statuts.*

NAPOLEON, par la grâce de Dieu & la volonté nationale, Empereur des Français, à tous présents & à venir, salut :

Sur le rapport de notre Ministre secrétaire d'Etat au département de l'Agriculture, du Commerce & des Travaux publics ;

Vu les articles 29 à 37, 40 & 45 du Code de commerce;

Notre Conſeil d'Etat entendu,

Avons décrété & décrétons ce qui ſuit :

ARTICLE PREMIER.

La Société anonyme formée à Lyon, ſous la dénomination de *Magaſin général des Soies de Lyon*, eſt autoriſée.

Sont approuvés les Statuts de ladite Société, tels qu'ils ſont contenus dans l'acte paſſé le 8 ſeptembre 1859, devant Mes Thomaſſet & Deloche, notaires à Lyon, lequel acte ſera annexé au préſent décret.

ART. 2.

La préſente autoriſation pourra être révoquée en cas de violation & de non-exécution des Statuts approuvés, ſans préjudice des droits des tiers.

ART. 3.

La Société ſera tenue de remettre, tous les ſix mois, un extrait de ſon état de ſituation au Miniſtre de l'Agriculture, du Commerce & des Travaux publics, au Sénateur chargé de l'adminiſtration du Département du Rhône, à la Chambre de Commerce & au greffe du Tribunal de Commerce de Lyon.

ART. 4.

Notre Miniſtre ſecrétaire d'Etat au département de l'Agriculture, du Commerce & des Travaux publics eſt chargé de l'exécution du présent décret, qui sera publié au *Bulletin des Lois*, inséré au *Moniteur* & dans un journal d'annonces judiciaires du département du Rhône, & enregistré, avec l'acte d'association, au greffe du Tribunal de Commerce de Lyon.

Fait au palais de Saint-Cloud, le 29 octobre 1859.

NAPOLEON.

Par l'Empereur :

Le Ministre secrétaire d'Etat au département de l'Agriculture, du Commerce & des Travaux publics,

E. ROUHER.

Ce décret a été inséré au *Moniteur* du 5 novembre 1859.

DECRET

Autoriſant la Société anonyme du MAGASIN GÉNÉRAL DES SOIES DE LYON *à établir à Lyon un Magaſin général & une ſalle de ventes publiques pour les Soies.*

APOLEON, par la grâce de Dieu & la volonté nationale, Empereur des Français, à tous présents & à venir, ſalut :

Sur le rapport de notre Miniſtre ſecrétaire d'Etat au département de l'Agriculture, du Commerce & des Travaux publics ;

Vu les lois du 28 mai 1858 ſur les négociations concernant les marchandiſes dépoſées dans les magaſins généraux & ſur les ventes publiques de marchandiſes en gros ;

Vu le décret du 12 mars 1859 concernant l'autoriſation d'ouvrir un magaſin général ou une ſalle de ventes publiques ;

Vu la demande formée par une Société anonyme en projet, conſtituée par acte des 28, 29, 30 & 31 décembre 1858, 2, 3, 6, 8 & 10 janvier 1859, par devant Me Thomaſſet & ſon collègue, nataires à Lyon, & repréſentée, en vertu de l'article 73 de cet acte, par ſon Conſeil d'adminiſtration ;

Vu le bail paſſé le 11 octobre 1859 pour la location de l'immeuble deſtiné à l'établiſſement du Magaſin général & de la Salle de ventes précités ;

Vu les délibérations de la Chambre de Commerce de Lyon, en date des 12 mai & 29 juin 1859 ;

Vu la délibération du Tribunal de Commerce de Lyon, en date du 6 juin 1859 ;

Vu la lettre du Sénateur chargé de l'adminiſtration du département du Rhône, en date du 16 juin 1859 ;

La ſection des Travaux publics, de l'Agriculture & du Commerce de Notre Conseil d'Etat entendue,

Avons décrété & décrétons ce qui ſuit :

ARTICLE PREMIER.

La Société anonyme autoriſée par décret en date de ce jour, ſous la dénomination de *Magaſin général des Soies*, eſt autoriſée à établir, dans la ville de Lyon, dans le local de l'ancienne Banque, un Magaſin général & une Salle de ventes publiques pour les Soies.

ART. 2.

L'Adminiſtration du Magaſin ci-deſſus mentionné eſt autoriſée à eſtimer & garantir les marchandiſes dépoſées dans ledit Magaſin, pendant un temps déterminé, qui ne peut excéder 90 jours, & moyennant une commiſſion de un demi pour cent (1/2 0/0) au plus. La garantie ne peut dépaſſer, en aucun cas, les huit dixièmes de la valeur réelle des marchandiſes, au jour où cette garantie eſt donnée.

ART. 3.

Notre Miniftre fecrétaire d'Etat au département de l'Agriculture, du Commerce & des Travaux publics eft chargé de l'exécution du préfent décret, qui fera publié au *Bulletin des Lois* & inféré au *Moniteur.*

Fait au palais de Saint-Cloud, le 29 octobre 1859.

NAPOLEON.

Par l'Empereur :

Le Miniftre fecrétaire d'Etat au département de l'Agriculture, du Commerce & des Travaux publics,

E. ROUHER.

Ce décret a été inféré au *Moniteur* du 5 novembre 1859.

STATUTS

ACTE
du 8 *feptembre* 1859.
DÉCRET *du* 29 *octobre* 1859.

AR-DEVANT Me Mathieu THOMASSET & Me Louis-Alexandre DELOCHE, notaires à Lyon, fouffignés,

Ont comparu :

M. François-Barthélemy ARLÈS-DUFOUR, négociant, officier de l'ordre de la Légion d'honneur, demeurant à Lyon, cours Morand, 5;

M. Henry AYNARD, banquier, chevalier de l'ordre de la Légion d'honneur, demeurant à Lyon, rue Impériale, 19;

M. Paul CHARTRON, négociant & marchand de foies, demeurant à Lyon;

M. Ofcar GALLINE, banquier, demeurant à Lyon, rue du Plat;

M. Adolphe GIRODON, fabricant d'étoffes de foie, chevalier de l'ordre de la Légion d'honneur, demeurant à Lyon, quai de Retz, 3;

ACTE
du 28 *avril* 1863.

Avec changements propofés par les mandataires des Actionnaires, en vertu des pouvoirs qui leur ont été donnés dans l'Affemblée générale du 28 février 1863.

AR-DEVANT Me Mathieu THOMASSET, & fon collègue, notaires à Lyon, fouffignés,

A comparu,

M. François-Barthélemy ARLÈS-DUFOUR, ancien négociant, membre de la Chambre de Commerce de Lyon, commandeur de l'ordre de la Légion d'honneur, demeurant à Lyon, cours Morand, 5,

Préfident du Confeil d'adminiftration de la Société anonyme du Magafin général des foies de Lyon;

Lequel a dit & fait ce qui fuit :

Un décret impérial, en date du cinq novembre mil huit cent cinquante-neuf, a approuvé les ftatuts de la Société anonyme du Magafin général des Soies de Lyon, tels qu'ils ont été rédigés fuivant acte paffé devant Me Thomaffet fouffigné & Me Deloche, notaires à Lyon, le dix janvier mil huit cent cinquante-neuf.

M. Louis GUERIN, banquier, demeurant à Lyon, rue Puits-Gaillot, 33;

M. Jean-François SAINT-OLIVE, ancien fabricant d'étoffes de soie, propriétaire-rentier, demeurant à Lyon, place Louis XVI, quartier des Brotteaux;

Lesquels ont dit faire ce qui suit:

Aux termes d'un acte passé devant Mᵉ THOMASSET & Mᵉ DELOCHE, notaires à Lyon, soussignés, les vingt-huit, vingt-neuf, trente & trente & un décembre mil huit cent cinquante-huit, & les deux, trois, six, huit & dix janvier mil huit cent cinquante-neuf, il a été formé une Société anonyme ayant pour objet l'établissement & l'exploitation, à Lyon, d'un Magasin général & d'une Salle de ventes publiques des Soies, & d'une Institution de crédit destinée à faire des prêts sur warrants & à négocier les warrants.

De cet acte, contenant le projet des statuts à soumettre à l'approbation du Gouvernement, il résulte:

Que le capital social, fixé à deux millions de francs, divisé en quatre mille actions de cinq cents francs chacune, a été souscrit intégralement par les personnes y dénommées;

Que, parmi les actionnaires, figurent M. MILLAUD, banquier à Paris, souscripteur de cent actions & membre du Conseil d'administration, & MM. Louis SELLIER, Natalis RONDOT, BLANC & Cⁱᵉ, BANCEL, Auguste CHEVALIER, de GAILLARD & GERMAIN, tous absents au moment de la signature de l'acte, &

L'article trois des statuts est ainsi conçu: « Le siége de la Société est fixé à Lyon. Il pourra être créé, avec l'autorisation du Gouvernement, des Succursales ou Magasins généraux annexes, dans les villes où se fait le commerce des soies. »

Une délibération de l'Assemblée générale des actionnaires, en date du vingt-huit février dernier, a autorisé l'établissement à Avignon, à Marseille & à Paris, de Magasins généraux des Soies annexes de celui de Lyon, & de Salles de ventes publiques, avec condition que le Magasin général d'Avignon pourrait recevoir les garances, conjointement avec les soies, & a donné les pouvoirs les plus étendus à MM. ARLES-DUFOUR, Natalis RONDOT & Félix VERNES pour suivre, auprès du Gouvernement, l'autorisation de ces établissements & les modifications aux statuts nécessitées par leur création & faisant l'objet des présentes.

Une expédition de cette délibération, délivrée sur une feuille de papier de la Régie au timbre de un franc, par M. le Président du Conseil d'administration, conformément à l'article 57 des statuts, est demeurée annexée aux présentes avec lesquelles elle sera soumise aux formalités de l'enregistrement.

En conséquence, M. ARLES-DUFOUR, propose à l'approbation du Gouvernement les modifications suivantes aux statuts de la Société anonyme sus énoncés, tous les autres articles conservant exactement la même rédaction.

dont ils ont promis la ratification pure & fimple;

Que MM. ARLES-DUFOUR, AYNARD, CHARTRON, DENAVIT, DURAND, GALLINE, GIRODON, GUERIN, MILLAUD, MONTERRAD, RONDOT & SAINT-OLIVE, ont foufcrit conjointement entre eux trois cent douze actions;

Que les actionnaires ont nommé les membres du premier Confeil d'adminiftration, & les ont inveftis des pouvoirs dont fuit la teneur littérale:

ART. 68.

MM. les membres du premier Confeil d'adminiftration, nommés dans l'article 42 ci-deffus, font conftitués mandataires de tous les intéreffés à l'effet de fuivre l'obtention du décret approbatif des préfents ftatuts, confentir les modifications exigées par le Gouvernement, & figner tous les actes néceffaires pour la conftitution définitive de la Société; ils font expreffément autorifés à agir enfemble ou féparément.

Suivant deux actes reçus par Mᵉ POUMET & l'un de fes collègues, notaires à Paris, les fept & neuf mai mil huit cent cinquante-neuf, M. MILLAUD a déclaré fe démettre purement & fimplement de fa qualité de membre du Confeil d'adminiftration, annuler fa foufcription de cent actions, & renoncer à la part lui revenant dans les trois cents douze actions foufcrites indivifément; & M. Félix VERNES, banquier, demeurant à Paris, rue Drouot, a adhéré fans restriction aux ftatuts dont il s'agit, & a foufcrit pour cent actions de la Société, au capital de cinq cents francs chacune: le tout en la préfence & du confentement de M. ARLES-DUFOUR, ayant agi comme préfident du Confeil d'adminiftration, & en vertu des pouvoirs précédemment énoncés.

MM. Louis SELLIER, RONDOT, BLANC & Cⁱᵉ, BANCEL, CHEVALIER, de GAILLARD & GERMAIN, pour lefquels on s'était porté fort, ont ratifié purement & fimplement l'engagement pris en leur nom, notamment en ce qui concerne la foufcription d'actions & la nomination des membres du Confeil d'adminiftration, ainfi que le conftatent trois actes paffés devant MMᵉˢ THOMASSET & DELOCHE, notaires à Lyon, fouffignés, les huit mai, dix fept & vingt-fix juin mil huit cent cinquante-neuf.

MM. les Membres du Confeil d'adminiftration, ufant du pouvoir de fe compléter que l'article 42 des ftatuts primitifs leur confère, ont nommé administrateur M. Félix VERNES, banquier, demeurant à Paris, fuivant délibération prife le 25 juin 1859, ainfi que le conftate un extrait du procès-verbal de ladite féance, écrit fur une feuille de papier de la Régie au timbre de 1 fr. 25 c., dûment figné, qui eft demeuré annexé à la minute de l'acte dont il va être immédiatement queftion.

A la forme d'une déclaration faite devant les mêmes notaires, les deux, fix, huit & neuf juillet mil huit cent cinquante-neuf, les adminiftrateurs ont retiré la foufcription de trois cent douze actions qu'ils avaient faite collectivement, & chacun d'eux a renoncé à la part indivife qui pouvait lui en revenir; par fuite de ce défiftement, trois cents defdites actions ont été annulées, & le capital focial a été réduit d'autant. Enfin, les douze actions reftant libres ont été foufcrites par MM. Pierre GALLINE & Cie, qui, déjà propriétaires de deux cents actions, ont élevé le chiffre total de leur foufcription à deux cent douze actions, fuivant acte reçu par lesdits notaires, foufſignés, le onze juillet mil huit cent cinquante-neuf.

Cette déclaration & cette foufcription ont été acceptées dans les actes mêmes, au nom de la Société, par M. ARLES-DUFOUR, comme préfident du Confeil d'adminiftration, conformément à l'article 68 ci-deffus tranfcrit.

De tout ce qui précède, il reffort que les foufcriptions tranfcrites à l'article 5 ci-après, & conftatées par actes reçus en minute par MM^{rs} THOMASSET & DELOCHE, notaires à Lyon, font & demeurent définitives.

Les comparants, agiffant en vertu des pouvoirs ci-deffus relatés, & pour fe conformer aux obfervations qui leur ont été faites par le Gouvernement, ont déclaré arrêter ainfi qu'il fuit les ftatuts définitifs de la *Société anonyme du Magafin général des Soies de Lyon.*

TITRE PREMIER

Formation, objet, nom, fiége & durée de la Société.

ARTICLE PREMIER.

Il eft formé, par les préfentes, entre tous les propriétaires des actions créées ci-après, une Société anonyme fous la dénomination de *Société anonyme du Magafin général des Soies de Lyon.*

ART. 2.

Le but de la Société eft d'ouvrir au commerce des foies, à Lyon, un Magafin général & une Salle de ventes publiques, fuivant les termes de la loi & les règlements d'adminiftration publique.

ARTICLE PREMIER.

Il eft formé par les préfentes, entre tous les propriétaires d'actions, une Société anonyme, fous la dénomination de *Société Lyonnaife des Magafins généraux des Soies.*

ART. 2.

Le but de la Société eft d'ouvrir au commerce des foies, à Lyon & à Avignon, des Magafins généraux & des Salles de ventes publiques, fuivant les termes de la loi & les règlements d'adminiftration publique.

Le Magafin général & la Salle de

ART. 3.

Le fiége de la Société eft fixé à Lyon.

Il pourra être créé, avec l'autorifation du Gouvernement, des fuccurfales ou magafins généraux annexes, dans les villes où fe fait le commerce des foies.

ventes publiques établis à Avignon pourront en outre, mais dans cette ville feulement, recevoir les garances.

ART. 3.

Le fiége de la Société eft fixé à Lyon.

Une fuccurfale eft établie à Avignon.

Il pourra être créé, fous l'autorifation du Gouvernement, d'autres fuccurfales ou Magafins généraux et falles de ventes publiques annexes dans les villes où fe fait le commerce des foies.

ART. 4.

La durée de la Société fera de trente années à partir de l'approbation des ftatuts.

TITRE II.

Capital focial. — Actions.

ART. 5.

Le fonds focial eft fixé à la fomme de dix-huit cent cinquante mille francs, & divifé en trois mille fept cents actions de cinq cents francs chacune.

Ces trois mille fept cents actions font, dès à préfent, foufcrites en totalité, & appartiennent aux perfonnes ci-après nommées dans les proportions fuivantes :

MM.

D'ALBIS (Adrien-Henri-François-Hippolyte), directeur de la Compagnie d'éclairage par le gaz, à Lyon	20
ARLES-DUFOUR (François-Barthélemy) propriétaire & négociant, membre de la Chambre de Commerce, à Lyon	200
AYNARD (Henry), banquier, membre de la Chambre de Commerce, ancien préfident du Tribunal de Commerce, à Lyon	200
BANCEL (Etienne-Marie), propriétaire, à Paris	50
BERTHAUD (Claude-Marie), propriétaire-rentier, à Lyon. . . .	50
BIZOT (Victor), propriétaire-rentier, ancien juge au Tribunal de Commerce, à Lyon	10
A reporter.	530

Report. . . . 530

BLANC & Compagnie, fabricants d'étoffes de soie, à Faverges (Savoie) 80

BLUMER (Jean), négociant, à Lyon 85

BOSSANS (Nicolas), négociant, à Lyon 2

BROLEMANN (Emile-Thierry), ancien négociant, vice-président de la Commission municipale, à Lyon 60

BROSSET aîné & DE BOISSIEU, fabricants d'étoffes de soie, à Lyon 40

BROUZET (Théodore-François), ancien négociant, à Lyon. . . . 20

BRUN (Lucien), avocat à la Cour impériale, à Lyon. 2

CHABRIERES (Paul-Mathieu-Auguste), banquier à Lyon 25

CHARTRON père, fils, & MONNIER, marchands de soie, à Lyon . 100

CHAUME (Eugène), propriétaire-rentier, à Lyon 10

CHEVALIER (Auguste), propriétaire, député au Corps législatif, à Paris 50

CÔTE (Théodore), ancien négociant, juge au Tribunal de Commerce, à Lyon 100

COUMERT, JAILLARD & Compagnie, marchands de soie, à Lyon. 20

DENAVIT (Joseph), marchand de soie, juge au Tribunal de Commerce, à Lyon 30

DESGRAND père & fils, marchands de soie, à Lyon 50

DONAT (Barthélemy), architecte, à Lyon 20

DUGAS (Prosper), marchand de soie, à Lyon 50

DUMOND (André) & Compagnie, fabricants d'étoffes de soie, à Lyon 10

DUMOND aîné (Noël), négociant, à Lyon 10

DUMONT (Claude-Antoine), teneur de livres, à Lyon. 20

DURAND (Eugène), fabricant d'étoffes de soie, à Lyon 75

FONTAINE (Jean-Charles-Félix), fabricant d'étoffes de soie, à Lyon 80

DE GAILLARD (Léopold), avocat, à Lyon 2

GALLINE (Pierre) & Compagnie, banquiers, à Lyon 212

GAULTIER DE COUTANCE (Georges-Marguerite), propriétaire-rentier, ancien président du Tribunal de Commerce, à Lyon . 10

GAUTIER (Etienne), ancien négociant, à Lyon. 200

GERMAIN (Henri), propriétaire-rentier, à Lyon. 50

GIRODON (Adolphe), fabricant d'étoffes de soie, à Lyon. . . . 50

GRATALOUP fils (Pierre-François), propriétaire-rentier, à Lyon . 20

GUERIN (veuve) & fils, banquiers & marchands de soie, à Lyon . 200

GUINDRAN (Joseph), propriétaire-rentier, à Lyon 2

A reporter. . . . 2,215

Report. . . . 2,215

HOLSTEIN (René), agent comptable de la Caiſſe ſyndicale des agents de change près la Bourſe de Lyon, à Lyon 25
IMBERT (Antoine), ingénieur aux aciéries, demeurant à Aſſailly, près de Rive-de-Gier (Loire) 10
JANGOT (Jean-Claude), propriétaire-rentier, à Lyon 30
LA SELVE (Henri), ancien fabricant d'étoffes de ſoie, à Lyon . . 20
LA SELVE (Octave), commis négociant, à Lyon. 1
LAURENCIN (Benoît), commis négociant, à Lyon 10
LEOTARD (Jean), propriétaire-rentier, à Lyon. 20
LORRIN (Alexandre-André), propriétaire-rentier, à Lyon . . . 10
LOTH (François-Florentin-Emile), propriétaire-rentier, ancien marchand de ſoie, à Lyon . . . . . . , , ... 50
MILLION (Jean-Pierre) & Compagnie, fabricants d'étoffes de ſoie, à Lyon 25
MONON (Antoine-François), propriétaire-rentier, ancien-avoué, à Lyon 42
MONTERRAD (Amédée), ancien fabricant d'étoffes de ſoie, membre de la Chambre de Commerce, à Lyon 50
MONTESSUY & CHOMER, fabricants d'étoffes de ſoie, à Lyon . . 50
MORIN-PONS (veuve) & MORIN, banquiers, à Lyon. 200
OMNIUM (Compagnie de l'), à Lyon 50
PEYRE (Antoine), prêtre, chanoine de l'égliſe primatiale, à Lyon . 20
PLASSE (Anne), prêtre, vicaire de la paroiſſe d'Ainay, à Lyon . . 2
RAINAUD (Barthélemy), clerc de notaire, à Lyon 100
RAZURET (Jacques), propriétaire-rentier, à Lyon 20
ROBAS (Etienne), propriétaire-rentier, à Lyon 30
ROLLET (François), propriétaire-rentier, à Lyon 25
ROMAIN (Nicolas), deſſinateur pour la fabrique, à Lyon 20
RONDOT (Cyr-François-Natalis), délégué de la Chambre de Commerce de Lyon, à Paris. 50
SAINT-OLIVE, (Jean-François), ancien fabricant d'étoffes de ſoie, à Lyon 100
SANSON (Théodore), receveur de l'enregiſtrement & des domaines, à Lyon 4
SELLIER (Louis), propriétaire & négociant, à Leipsick (Saxe) . . 200
SILO (Bernard), fabricant d'étoffes de ſoie, à Lyon 10
SILO (Dominique), fabricant d'étoffes de ſoie, à Lyon. 10
SILO (Jean), fabricant d'étoffes de ſoie, à Lyon. 10

A reporter. . . . 3,409

Report.	3409
TARDY (Jofeph), agent de change, à Lyon	50
TEISSIER (Jacques-Louis-Emilien), directeur de la fuccurfale de la Banque de France, à Lyon.	25
TRESCA (Jules) & DANGAIN, marchands de foie, à Lyon . . .	100
VERNANGE (Claude), propriétaire-rentier, à Lyon.	12
VERNES (Félix), banquier, à Paris.	100
VERZIER (Horace) & Compagnie, fabricants d'étoffes de foie, à Lyon	4
Total des actions foufcrites, égal au nombre des actions émifes, trois mille fept cents	3,700

ART. 6.

Si l'augmentation du capital focial eft jugée néceffaire plus tard, elle fera décidée dans la forme & fous les conditions prefcrites à l'article foixante-trois ci-après comme pour toutes autres modifications aux ftatuts.

ART. 7.

Les nouvelles actions qui feront émifes dans le cas prévu par l'article fix, feront attribuées aux anciens Actionnaires, par préference à toutes autres perfonnes.

ART. 8.

Chaque action donne droit :

1° A l'intérêt de cinq pour cent fur le capital verfé ;

Cet intérêt fera prélevé femeftriellement, avant toute autre répartition, fur les bénéfices nets de la Société ;

Dans le cas d'infuffifance des bénéfices, le payement des intérêts fera fuspendu jufqu'au moment de la réalifation de bénéfices fuffifants pour y faire face ;

2° A une part proportionnelle dans les bénéfices ;

3° A une part proportionnelle dans l'avoir de la Société, de quelque nature qu'il foit.

ART. 9.

Les actions font indivifibles à l'égard de la Société, qui ne reconnaît qu'un feul propriétaire pour chaque action ; en conféquence, fi plufieurs perfonnes ont des droits fur une même action, elles devront fe faire repréfenter par une feule d'entre elles.

ART. 10.

Les droits & obligations attachés aux actions suivent le titre, dans quelque main qu'il passe.

La possession d'une action entraîne de plein droit adhésion aux statuts & aux décisions des Assemblées générales.

ART. 11.

Les actions sont nominatives jusqu'au payement intégral. Les titres sont ensuite nominatifs ou au porteur, au choix des Actionnaires.

La cession des actions au porteur s'opère par la simple tradition du titre.

La cession des actions nominatives s'opère par une déclaration de transfert qui est signée du cédant, du cessionnaire ou de leurs mandataires, & transcrite sur les registres de la Société, avec le visa d'un administrateur. Ce transfert est consigné sur le titre par les soins de la Société. Le transfert des actions donne de droit au cessionnaire les intérêts & dividendes qui s'y rattachent & qui n'auraient pas encore été payés.

ART. 12.

Les Actionnaires ne sont engagés que jusqu'à concurrence du montant de leurs actions; au-delà, tout appel de fonds est interdit.

ART. 13.

Les souscripteurs sont responsables des actions souscrites par eux.

Il a été fait, sur chaque action, un versement de 100 francs en souscrivant.

Les 400 francs restant à payer seront appelés au fur & à mesure des besoins de la Société, par cinquième au plus, & avec avis préalable de trente jours au moins.

ART. 14.

A défaut de versement aux époques déterminées, l'intérêt court de plein droit à la charge de l'Actionnaire en retard, à raison de cinq pour cent par an, à partir du jour de l'exigibilité.

Si ce retard dépasse trente jours, la Société est expressément autorisée à faire vendre, sur duplicata, les actions non payées, par le ministère d'un agent de change près la Bourse de Lyon, pour le compte & aux frais, risques & périls de l'Actionnaire en retard. La vente aura lieu de plein droit, sans formalités de justice & sans égard aux délais de distance, cinq jours après une mise en demeure qui consistera en un avis indiquant les numéros des actions en retard, & inséré dans les journaux de Lyon & de Paris désignés pour les insertions légales; le tout sans préjudice du droit que la Société conserve de poursuivre personnellement l'Actionnaire en retard.

Les titres primitifs des actions ainſi vendues ſont nuls de plein droit : en conſéquence, toute action qui ne porte pas la mention régulière des verſements qui ont dû être opérés ceſſe d'être admiſſible à la négociation & au transfert.

ART. 15.

En cas de perte des titres d'actions nominatives, la Société ne peut être tenue d'en délivrer de nouveaux que moyennant caution, conformément aux articles cent cinquante-un, cent cinquante-deux & cent cinquante-cinq du Code de commerce, & qu'après une déclaration de perte & une publicité faites ſelon qu'il ſera réglé par le Conſeil d'adminiſtration.

ART. 16.

Les héritiers ou ayants-droit d'un Actionnaire ne peuvent, ſous aucun prétexte, provoquer l'appoſition des ſcellés ſur les biens & les valeurs de la Société, ni faire établir aucun inventaire, ni s'immiſcer en aucune manière dans l'adminiſtration ; ils doivent s'en rapporter, pour l'exercice de leurs droits, aux inventaires ſociaux & aux déciſions de l'Aſſemblée générale.

TITRE III.

Opérations de la Société.

ART. 17.

Les opérations de la Société comprennent :

1° La création, à Lyon, d'un Magaſin général pour les ſoies de toute nature & de toute provenance, ainſi que pour les cocons, les déchets de ſoie, les fils de bourre de ſoie, & toutes matières ſoyeuſes pures ou mélangées, indigènes ou exotiques, autres que les tiſſus ;

2° La Vente publique des matières brutes ou ouvrées énumérées ci-deſſus, dépoſées ou non dans des magaſins généraux ou des entrepôts, en tant qu'elles ſont compriſes dans le tableau annexé à la loi du 28 mai 1858 ;

3° L'Eſtimation & la Garantie de valeur pour un temps déterminé des

ART. 17.

Les opérations de la Société comprennent :

1° La création, à Lyon & à Avignon, de Magaſins généraux pour les ſoies de toute nature & de toute provenance, ainſi que pour les cocons, les déchets de ſoie, les fils de bourre de ſoie, & toutes matières ſoyeuſes pures ou mélangées, indigènes ou exotiques, autres que les tiſſus ; & encore pour les garances, mais à Avignon excluſivement ;

2° La Vente publique des matières brutes ou ouvrées énumérées ci deſſus, dépoſées ou non dans des magaſins généraux ou entrepôts, en tant qu'elles ſont compriſes dans le tableau annexé à la loi du 28 mai 1858.

marchandifes dépofées dans le Magafin général de la Société.

3° L'Eftimation & la Garantie de valeur pour un temps déterminé des marchandifes dépofées dans les Magafins généraux de la Société.

ART. 18.

La Société s'interdit expreffément :

1° Toute opération de commerce ou de fpéculation fur les foies pour fon compte ;

2° Toute vente privée de gré à gré ;

3° Toute avance à découvert.

§ 1er. — MAGASIN GENERAL.

ART. 19.

Le Magafin général des foies fera établi dans les conditions de la loi du vingt-huit mai mil huit cent cinquante-huit (28 mai 1858) & du décret du douze mars mil huit cent cinquante-neuf (12 mars 1859).

ART. 19.

Les Magafins généraux feront établis dans les conditions de la loi du vingt-huit mai mil huit cent cinquante-huit (28 mai 1858), et du décret du douze mars mil huit cent cinquante-neuf (12 mars 1859).

ART. 20.

Le Magafin général délivre des récépiffes de dépôt & des warrants, conformément aux prefcriptions de la loi & du décret précités, fauf aux dépofants à faire de ces titres l'ufage qu'ils jugeront convenable.

ART. 20.

Les Magafins généraux délivreront des récépiffés de dépôt & des warrants, conformément aux prefcriptions de la loi et du décret précités, fauf aux dépofants à faire de ces titres l'ufage qu'ils jugeront convenable.

ART. 21.

D'accord avec la ville de Lyon, & après autorifation fpéciale du Gouvernement, une divifion du Magafin général pourra être placée ultérieurement fous le régime de l'entrepôt réel de douane, & foumife dès lors aux règles établies en pareille matière par la loi & les ordonnances miniftérielles.

ART. 21.

D'accord avec l'Adminiftration de la ville, dans laquelle un Magafin général fera établi, & après autorifation fpéciale du Gouvernement, une divifion de ce Magafin général pourra être placée ultérieurement fous le régime de l'entrepôt réel de douane & foumife dès lors aux règles établies en pareille matière par la loi & les ordonnances miniftérielles.

§ 2. — ESTIMATION ET GARANTIE DE VALEUR DES MARCHANDISES DEPOSEES DANS LE MAGASIN GENERAL.	§ 2. — ESTIMATION ET GARANTIE DE VALEUR DES MARCHANDISES DEPOSEES DANS LES MAGASINS GENERAUX.
ART. 22.	ART. 22.
La Société peut, fur la demande des dépofants, faire eftimer les marchandifes dépofées dans le Magafin général.	La Société peut, fur la demande des dépofants, faire eftimer les marchandifes dépofées dans les Magafins généraux.

Cette eftimation eft faite au cours du jour par un ou deux courtiers de commerce délégués par le Confeil d'adminiftration, & certifiée par un adminiftrateur, fans que la Société puiffe être, en aucun cas, refponfable de cette eftimation.

ART. 23.	ART. 23.
La Société peut garantir au porteur du warrant, pour un temps déterminé, la valeur des marchandifes dépofées dans le Magafin général.	La Société peut garantir au porteur du warrant, pour un temps déterminé, la valeur des marchandifes dépofées dans les Magafins généraux.

Cette garantie ne peut dépaffer, en aucun cas, les huit dixièmes de la valeur réelle des marchandifes au jour où cette garantie eft donnée.

Le temps pendant lequel cette garantie a fon effet ne peut excéder quatre-vingt-dix jours. La garantie ceffe de plein droit après ce terme.

ART. 24.

Il eft délivré un bulletin de garantie, lequel eft joint au warrant dont il reproduit les indications, afin de bien établir la connexité des deux titres.

ART. 25.

Le Confeil d'adminiftration fixe feul le chiffre & le terme de la garantie.

ART. 26.

A l'expiration du terme de cette garantie, celle-ci peut être renouvelée ; mais le chiffre & le terme de cette garantie doivent être l'objet d'une délibération nouvelle du Confeil.

ART. 27.

Le porteur du bulletin de garantie ne peut exercer de recours contre la Société qu'à l'échéance de ladite garantie.

ART. 28.

Lorfque le porteur du bulletin de garantie eft dans le cas d'exercer ce recours, il doit faire remife par endoffement à la Société du warrant dûment en règle, & la fubftituer à tous fes droits.

La Société procède alors elle-même, dans le plus bref délai, comme il eft dit aux articles 7, 8 & 9 de la loi du 28 mai 1858.

Si, après la vente de la marchandife, le produit de cette vente eft infuffifant, la Société pourfuit le recouvrement du déficit contre l'emprunteur & les endoffeurs du warrant, conformément à l'article 9 de la loi précitée.

§ 3. — VENTES VOLONTAIRES OU FORCÉES.

ART. 29.

La Société donne à loyer fa Salle des ventes publiques pour y opérer la vente publique de toutes marchandifes dans les termes de la loi du 28 mai 1858.

ART. 29.

La Société donne à loyer fes Salles de ventes publiques pour y opérer la vente publique de toutes marchandifes dans les termes de la loi du 28 mai 1858.

Elle peut auffi procéder elle-même à la vente publique, pour compte de tiers, de marchandifes libres ou engagées, dépofées ou non dans des magafins généraux ou des entrepôts, comme de celles dont la vente publique eft requife conformément à l'article 7 de la loi du 28 mai 1858 ; le tout en fe conformant aux lois, décrets & règlements fur la matière.

Ces ventes publiques ont toujours lieu par le miniftère de courtiers de commerce.

La Société prend fur les ventes dont elle eft fpécialement chargée, un droit de commiffion.

TITRE IV.

Confeil d'adminiftration. — Cenfeurs.

ART. 30.

La Société eft adminiftrée par un Confeil.

Les opérations font furveillées par des Cenfeurs.

§ 1er. — CONSEIL D'ADMINISTRATION.

ART. 31.

Le Confeil d'adminiftration fe compofe de douze membres nommés par l'Affemblée générale des actionnaires.

Il fe renouvelle par quart chaque année.

Les membres fortants font défignés par le fort pour les trois premières années, & enfuite par ordre d'ancienneté.

Ils peuvent être réélus.

ART. 31.

Le Confeil d'adminiftration eft nommé par l'Affemblée générale des actionnaires.

Il fe compofe de douze membres.

Il fera augmenté de trois membres pour la fuccurfale d'Avignon.

Les trois nouveaux membres devront réfider dans la ville d'Avignon.

Les trois membres, réfidant dans la ville d'Avignon agiront auprès de la ſuccurſale établie dans cette ville, enſemble ou ſéparément, en vertu des pouvoirs permanents qui leur feront délégués par le Conſeil d'adminiſtration en vertu de l'article 41.

Le Conſeil ſe renouvelle par tiers chaque année.

Les membres ſortants ſont déſignés par le ſort pour les deux premières années, & enſuite par ordre d'ancienneté. Ils peuvent être réélus.

ART. 32.

L'Aſſemblée générale, lors de ſa première réunion, procède, ſur la propoſition du Conſeil d'adminiſtration, au remplacement des membres décédés ou démiſſionnaires.

Dans le cas où, par ſuite de vacances ſurvenues dans l'intervalle de deux Aſſemblées générales, le nombre des Adminiſtrateurs deſcendrait au-deſſous de dix, il ſerait procédé par le Conſeil d'adminiſtration à des nominations proviſoires, juſqu'à concurrence du nombre de dix.

Dans le cas où, par ſuite de vacances ſurvenues dans l'intervalle de deux Aſſemblées générales, le nombre des Adminiſtrateurs, réſidant à Lyon, deſcendrait au-deſſous de dix, & celui des Adminiſtrateurs délégués auprès de la ſuccurſale d'Avignon ſerait réduit à deux, il ſerait procédé par le Conſeil d'adminiſtration à des nominations proviſoires, juſqu'à concurrence du nombre de dix dans le premier cas, & de trois dans le ſecond cas.

Les Adminiſtrateurs nommés à titre proviſoire ont les mêmes pouvoirs que ſi leur nomination était définitive.

Les Adminiſtrateurs nommés en remplacement d'autres ne demeurent en exercice, même après leur élection par l'Aſſemblée générale, que juſqu'à l'époque à laquelle les fonctions de leurs prédéceſſeurs devaient expirer.

ART. 33.

Chaque Adminiſtrateur doit, dans la huitaine de ſa nomination, dépoſer dans la caiſſe de la Société trente actions qui reſtent inaliénables pendant la durée de ſes fonctions.

ART. 34.

Les fonctions des Adminiſtrateurs ſont gratuites.

Les Adminiſtrateurs reçoivent des jetons de préſence, dont la valeur ſera réglée par la première Aſſemblée générale.

En outre, une rémunération ſpéciale peut être attribuée par l'Aſſemblée générale aux Adminiſtrateurs inveſtis d'un mandat général ou ſpécial en vertu de l'article 41.

ART. 35.

Le Conſeil d'adminiſtration nomme, parmi ſes membres, un Préſident, un Vice-Préſident & un Secrétaire

En cas d'abſence du Préſident & du Vice-Préſident, le Conſeil d'adminiſtration déſigne, pour chaque ſéance, celui des membres préſents qui doit le remplacer.

Le Préſident, le Vice-Préſident & le Secrétaire peuvent être réélus.

ART. 36.

Le Conſeil d'adminiſtration ſe réunit régulièrement tous les quinze jours, & plus ſouvent, ſi les intérêts de la Société l'exigent.

ART. 37.

La préſence de cinq membres au moins eſt néceſſaire pour la compoſition régulière du Conſeil. Lorſque cinq membres ſeulement ſont préſents, les délibérations doivent être priſes au moins à la majorité de quatre voix.

ART. 38.

Les délibérations ſont priſes à la majorité des membres préſents; en cas de partage, la voix du Préſident eſt prépondérante.

Nul ne peut voter par procuration dans le ſein du Conſeil.

ART. 39.

Les délibérations ſont conſtatées par des procès-verbaux qui ſont inſcrits ſur un regiſtre tenu au ſiége de la Société, & ſignés par le Préſident & le Secrétaire.

Les copies & extraits de ces délibérations, à produire en juſtice ou ailleurs, ſont certifiés par le Préſident du Conſeil ou le membre qui en remplit les fonctions.

ART. 40.

Le Conſeil eſt inveſti des pouvoirs les plus étendus pour la geſtion & l'adminiſtration des affaires de la Société.

Il eſt autoriſé à traiter, tranſiger, compromettre, à donner mainlevée de toutes ſaiſies, oppoſitions & inſcriptions avant comme après payement.

Il règle notamment les droits de magaſinage, de manutention, de factage & de camionnage, d'aſſurance contre l'incendie, les droits de commiſſion pour les ventes volontaires ou forcées, le loyer de la ſalle de ventes publiques, le tout en ſe conformant aux lois & règlements ſur la matière.

Il accepte ou rejette les demandes de garantie de valeur; il arrête le chiffre, le terme & le prix de ſa garantie.

Il autoriſe la location ou l'achat, s'il y a lieu, des immeubles néceſſaires pour y établir le ſiége de la Société, ainſi que la dépenſe du mobilier & le règlement des frais du premier établiſſement. Il peut opérer la vente des immeubles qui ceſſeraient d'être utiles au but de la Société.

Il autoriſe la location ou l'achat, s'il y a lieu, des immeubles néceſſaires pour y établir le ſiége, les magaſins & les ſalles de ventes publiques de la Société, ainſi que la dépenſe du mobilier & le règlement des frais du premier établiſſement. Il peut opérer la vente des immeubles qui ceſſeraient d'être utiles au but de la Société.

Il détermine l'emploi des fonds libres.

Il fait & arrête les règlements relatifs à l'organiſation du ſervice & à l'exploitation des établiſſements de la Société. Il fait les traités relatifs à l'exécution des divers ſervices.

Il autoriſe les dépenſes de l'adminiſtration.

Il nomme & révoque tous les chefs de ſervice, employés & agents, détermine leurs attributions, fixe leurs traitements, ſalaires & gratifications, &, s'il y a lieu, le chiffre de leurs cautionnements; il en autoriſe la reſtitution.

Il arrête les comptes qui doivent être ſoumis à l'Aſſemblée générale.

Il fixe proviſoirement le dividende, ainſi que la ſomme affectée au fonds de réſerve.

Il fait un rapport à l'aſſemblée des actionnaires ſur les comptes & ſur la ſituation des affaires ſociales.

ART. 41.

Le Conſeil d'adminiſtration peut déléguer à un ou pluſieurs de ſes membres des pouvoirs généraux ou ſpéciaux, pour une ou pluſieurs affaires déterminées & pour un temps limité.

Il peut auſſi confier à un ou pluſieurs de ſes membres des pouvoirs permanents pour les affaires courantes.

ART. 42.

Les membres du Conſeil d'adminiſtration ne contractent, à raiſon de leur geſtion, aucune obligation perſonnelle ou ſolidaire; ils ne répondent que de l'exécution de leur mandat.

ART. 43.

Par dérogation à l'article 32, le premier Conſeil d'adminiſtration eſt compoſé dès à préſent des membres ci-après :

MM. ARLES-DUFOUR, négociant commiffionnaire en foies & en foieries, officier de l'ordre de la Légion d'honneur, membre de la Chambre de Commerce, du Confeil général & du Confeil municipal, cenfeur de la Banque;

Henry AYNARD, banquier, chevalier de l'ordre de la Légion d'honneur, ancien préfident du Tribunal de Commerce, membre de la Chambre de Commerce, cenfeur de la Banque;

Paul CHARTRON, négociant, marchand de foies;

Jofeph DENAVIT, marchand de foies, juge au Tribunal de Commerce;

Eugène DURAND, fabricant d'étoffes de foie;

Ofcar GALLINE, banquier, membre de la Chambre de Commerce & du Confeil d'adminiftration des hôpitaux;

Adolphe GIRODON, fabricant d'étoffes de foie, chevalier de l'ordre de la Légion d'honneur, membre de la Chambre de Commerce;

Louis GUERIN, banquier, marchand de foies, membre du Confeil d'adminiftration des hôpitaux;

Amédée MONTERRAD, ancien fabricant d'étoffes de foie, membre de la Chambre de Commerce.

Natalis RONDOT, officier de l'ordre de la Légion d'honneur, ancien membre de la Miffion de France en Chine, délégué de la Chambre de Commerce, à Paris;

SAINT-OLIVE, ancien fabricant d'étoffes de foie, préfident du Confeil d'adminiftration du Mont-de-Piété, cenfeur de la Banque;

Félix VERNES, banquier, à Paris.

§ 2. — CENSEURS.

ART. 44.

Les Cenfeurs font nommés par l'Affemblée générale des actionnaires; ils font au nombre de trois. Leurs fonctions durent trois années; il fe renouvellent par tiers; ils font rééligibles.

Le fort défigne les membres fortants les deux premières années.

Chaque Cenfeur doit, dans la huitaine de fa nomination, dépofer dans la caiffe de la Société vingt actions, lesquelles vingt actions reftent inaliénables pendant la durée de fes fonctions.

ART. 45.	ART. 45.
Les Cenfeurs font chargés de veiller à la ftricte exécution des ftatuts.	Les Cenfeurs font chargés de veiller à la ftricte exécution des ftatuts.
Ils ont le droit d'affifter aux féances du Confeil avec voix confultative.	Ils ont le droit d'affifter aux féances du Confeil avec voix confultative.

Ils examinent les inventaires & les comptes annuels.

Ils préfentent, à ce fujet, leurs obfervations à l'Affemblée générale, lorfqu'ils le jugent à propos.

Ils furveillent l'émiffion des engagements pris par la Société fous forme de bulletins de garantie.

Les livres, la comptabilité, & généralement toutes les écritures sociales, doivent leur être communiqués à toute réquifition.

Ils peuvent, à quelque époque que ce foit, vérifier l'état des magafins, de la caiffe & du portefeuille de la Société.

Ils ont le droit, quand leur décifion eft prife à l'unanimité, de requérir une convocation de l'Affemblée générale.

Ils examinent les inventaires & les comptes annuels.

Ils préfentent, à ce fujet, leurs obfervations à l'Affemblée générale, lorfqu'ils le jugent à propos.

Ils furveillent l'émiffion des engagements pris par la Société fous forme de bulletins de garantie.

Les livres, la comptabilité, & généralement toutes les écritures fociales, doivent leur être communiqués à toute réquifition.

Ils peuvent, à quelque époque que ce foit, vérifier l'état des magafins, de la caiffe & du portefeuille de la Société.

Ils ont le droit, quand leur décifion eft prife à l'unanimité, de requérir une convocation de l'Affemblée générale.

Leurs attributions ne font pas bornées au fiége de la Société, elles s'étendent à la fuccurfale d'Avignon & les Cenfeurs ont la faculté de fe faire repréfenter auprès de cette fuccurfale par des mandataires de leur choix.

TITRE V.

Affemblée générale.

ART. 46.

L'Affemblée générale régulièrement conftituée repréfente l'univerfalité des actionnaires.

Elle fe compofe de tous les actionnaires propriétaires de vingt actions.

Les actions nominatives ne donnent droit à faire partie de l'Affemblée qu'aux titulaires de ces actions, foit par foufcription primitive, foit par transfert.

Les titulaires d'actions & les poffeffeurs d'actions au porteur doivent faire le dépôt de leurs titres au fiége de la Société, ou chez les banquiers défignés, huit jours avant l'époque de la réunion; ce dépôt fera conftaté par un récépiffé nominatif & perfonnel qui fervira de titre d'admiffion.

Chaque membre de l'Affemblée a autant de voix qu'il poffède ou repréfente de fois vingt actions, fans que toutefois aucun d'eux puiffe avoir plus de cinq voix, quel que foit le nombre d'actions qu'il poffède ou qu'il repréfente.

Nul ne peut fe faire repréfenter aux Affemblées génerales que par un actionnaire ayant lui-même le droit d'y affifter.

ART. 47.

L'Affemblée générale eft régulièrement conftituée lorfque le quart des actions émifes eft repréfenté.

ART. 48.

L'Affemblée générale fe réunit de droit, chaque année, au fiége de la Société, dans le courant du mois de janvier.

L'Affemblée générale fe réunit de droit, chaque année, au fiége de la Société, dans le courant du mois d'avril.

Elle fe réunit, en outre, extraordinairement, toutes les fois que le Confeil d'adminiftration en reconnait l'utilité.

ART. 49.

Les convocations font faites, quinze jours avant la réunion, par un avis inféré dans les journaux de Lyon défignés pour les annonces légales, & dans les principaux journaux des villes où la Société aurait établi des fuccurfales.

Les porteurs d'actions nominatives font en outre convoqués par lettres.

ART. 50.

Si l'Affemblée générale ne fe trouve pas en nombre, fur une première convocation, il eft fait une feconde convocation à dix jours au moins d'intervalle.

Les membres préfents à cette feconde réunion délibèrent valablement, quel que foit leur nombre, mais feulement fur les objets à l'ordre du jour de la première.

ART. 51.

L'Affemblée eft préfidée par le Préfident ou le Vice-Préfident du Confeil d'adminiftration, ou, à défaut de l'un & de l'autre, par celui des membres que le Confeil défigne.

Les deux plus forts actionnaires préfents, et, fur leur refus, ceux qui les fuivent dans l'ordre de la lifte, jufqu'à acceptation, font appelés à remplir les fonctions de Scrutateurs.

Le bureau, ainfi conftitué, défigne le Secrétaire.

ART. 52.

Les décifions font prifes à la majorité des voix; en cas de partage, la voix du Préfident eft prépondérante.

ART. 53.

L'ordre du jour eft arrêté par le Confeil d'adminiftration.

Tout actionnaire qui défire foumettre quelque propofition à l'Affemblée générale devra l'adreffer, dix jours à l'avance, au Confeil d'adminiftration, qui décidera s'il y a lieu de la porter à l'ordre du jour.

Aucun autre objet que ceux à l'ordre du jour ne peut être mis en délibération.

ART. 54.

L'Affemblée générale entend le rapport du Confeil d'adminiftration fur la fituation des affaires fociales.

Elle entend également, s'il y a lieu, les obfervations des Cenfeurs.

Elle entend, difcute ou rejette les comptes.

Elle fixe le dividende, fur la propofition du Confeil d'adminiftration.

Elle nomme les Adminiftrateurs & les Cenfeurs, en remplacement de ceux dont les fonctions font expirées, ou qu'il y a lieu de remplacer par fuite de décès, de démiffion ou autre caufe.

Enfin, l'Affemblée générale prononce fouverainement, en fe renfermant dans les limites des ftatuts, fur tous les intérêts de la Société, & confère, par fes délibérations, au Confeil d'adminiftration, les pouvoirs néceffaires pour les cas qui n'auraient pas été prévus.

ART. 55.

Les délibérations de l'Affemblée, prifes conformément aux ftatuts, obligent tous les actionnaires, même abfents ou diffidents.

ART. 56.

Les délibérations font conftatées par des procès-verbaux infcrits fur un regiftre fpécial & fignés par les membres qui compofent le bureau.

ART. 57.

La juftification à faire vis-à-vis des tiers, des délibérations de l'Affemblée, réfulte des copies ou extraits certifiés conformes par le Préfident du Confeil d'adminiftration ou par celui de fes collègues qui en remplit les fonctions.

TITRE VI.

Inventaires. — Dividendes. — Fonds de réſerve.

ART. 58.

A la fin de chaque ſemeſtre, ſoit le 30 juin & le 31 décembre, un inventaire général de l'actif & du paſſif eſt dreſſé & arrêté par le Conſeil d'adminiſtration.

Tous les comptes sont arrêtés à l'une ou à l'autre époque. Ces inventaires & comptes ſont ſoumis à l'Aſſemblée, qui les approuve ou les rejette, après avoir entendu le rapport du Conſeil d'adminiſtration, &, s'il y a lieu, les obſervations des Cenſeurs.

ART. 59.

Sur les produits, déduction faite des dépenſes de premier établiſſement & des frais d'adminiſtration, il eſt prélevé la ſomme néceſſaire pour diſtribuer chaque ſemeſtre aux actionnaires, un intérêt de deux & demi pour cent, ſur le capital verſé.

L'excédant, s'il y en a, conſtitue le bénéfice net, & eſt réparti de la manière ſuivante :

Dix pour cent ſont prélevés pour conſtituer le fonds de réſerve ;

Les quatre-vingt-dix pour cent reſtant forment le dividende à répartir aux actionnaires, en ſus de l'intérêt.

ART. 60.

Les intérêts & dividendes qui n'ont pas été touchés reſtent acquis à la Société, à l'expiration de cinq années après l'époque de leur exigibilité, conformément à l'article 2277 du Code Napoléon.

ART. 61.

Les intérêts & dividendes ſont payables à Lyon, au ſiége de la Société, & dans toutes les villes où le Conſeil d'adminiſtration le jugera utile, notamment dans celles où il aura été établi des ſuccurſales.

ART. 62.

Le fonds de réſerve ſe compoſe de l'accumulation des ſommes produites par le prélèvement opéré ſur les bénéfices, en conformité de l'article cinquante-neuf.

Lorfque la réferve atteint le cinquième du capital focial émis, le prelèvement affecté à fa création ceffe de lui profiter. Il reprend fon cours, fi la réferve vient à être entamée.

Le fonds de réferve eft deftiné à parer aux événements imprévus.

Il fubvient notamment au fervice des intérêts du capital, dans le cas où les produits annuels feraient infuffifants.

L'emploi des capitaux appartenant au fonds de réferve eft réglé par le Confeil d'adminiftration.

TITRE VII.

Modifications aux Statuts.

ART. 63.

L'Affemblée générale peut, fur l'initiative du Confeil d'adminiftration, & fauf l'approbation du Gouvernement, apporter aux préfents ftatuts les modifications reconnues utiles.

Elle peut notamment autorifer :

1° L'augmentation du capital focial ;

2° L'établiffement de fuccurfales & l'extenfion des opérations ;

3° La prolongation de la durée de la Société ;

4° La réunion, la fufion ou l'alliance avec d'autres fociétés.

Dans ces divers cas, les convocations doivent contenir l'indication fommaire de l'objet de la réunion.

La délibération n'eft valable qu'autant qu'elle réunit les deux tiers des voix des membres préfents, & que la moitié des actions émifes fe trouve repréfentée.

Toutefois, fi une première convocation ne réunit pas ce nombre, elle eft ajournée à quinzaine, & la délibération eft valable fi le tiers des actions eft repréfenté.

TITRE VIII.

Diffolution. — Liquidation.

ART. 64.

En cas de perte du tiers du capital focial émis, la diffolution de la Société peut être prononcée avant l'expiration du délai fixé pour fa durée, par une décifion de l'Affemblée générale prife fur la propofition du Confeil d'adminiftration.

ART. 65.

A l'expiration de la Société, ou en cas de liquidation anticipée, l'Aſſemblée générale, ſur la propoſition du Conſeil d'adminiſtration, règle le mode de liquidation & nomme un ou pluſieurs liquidateurs.

TITRE IX.

Conteſtations.

ART. 66.

Tout actionnaire eſt tenu d'élire domicile à Lyon, & toutes notifications ou aſſignations ſeront valablement faites au domicile élu par lui, ſans avoir égard à la demeure réelle.

A défaut de domicile élu, les aſſignations ou notifications judiciaires & extrajudiciaires ſeront valablement faites au parquet de M. le procureur impérial près le Tribunal de première inſtance de Lyon.

Le domicile élu, formellement ou implicitement, entraîne de plein droit attribution de juridiction devant les tribunaux compétents de Lyon.

TITRE X.

Publications.

ART. 67.

Pour faire publier les préſents ſtatuts, partout où beſoin ſera, tous pouvoirs ſont donnés au porteur d'une expédition ou d'un extrait.

TITRE XI.

Diſpoſitions tranſitoires.

ART. 68.

MM. les membres du premier Conſeil d'adminiſtration nommés dans l'article 43 ci-deſſus, ſont conſtitués mandataires de tous les intéreſſés à l'effet de ſuivre l'obtention du décret approbatif des préſents ſtatuts, conſentir les modifications exigées par le Gouvernement, & ſigner tous les actes néceſſaires pour la conſtitution définitive de la Société ; ils ſont expreſſément autoriſés à agir enſemble ou ſéparément.

Dont acte en double minute, dont la première, sur laquelle seront perçus les droits d'enregistrement, pour Me Thomasset, & la seconde, pour Me Deloche.

Fait & passé à Lyon, au domicile sus-indiqué de chacun des comparants.

L'an mil huit cent cinquante-neuf, le huit septembre.

Lecture faite, tous les comparants ont signé avec les notaires.

Signé : ARLES-DUFOUR, Henry AYNARD, Paul CHARTRON, Oscar GALLINE, A. GIRODON, L. GUERIN, F. SAINT-OLIVE, M. THOMASSET, DELOCHE.

N° 137. Enregistré à Lyon, 1er bureau, le douze septembre mil huit cent cinquante-neuf, folio 155 R., C. 5 & suivantes. Reçu cinq francs; décime: cinquante centimes.

Signé : LA BRETOIGNE.

Pour faire mention des présentes partout où besoin sera, tous pouvoirs sont donnés au porteur d'une expédition ou d'un extrait.

Dont acte fait & passé, à Lyon, au domicile du comparant.

L'an mil huit cent soixante-trois le vingt-huit avril.

Lecture faite, M. Arlès-Dufour a signé avec les notaires.

Signé:
ARLES-DUFOUR,
M. THOMASSET,
DELOCHE.

N° 450. Enregistré à Lyon, 1er bureau, le vingt-huit avril mil huit cent soixante-trois, folio 179 R., case 1re, reçu deux francs deux décimes, quarante centimes.

Signé: VALLET.

REGLEMENT PARTICULIER.

TITRE I.

DEPOT DES SOIES DANS LE MAGASIN GENERAL.

ARTICLE PREMIER.

Entrée des Balles.

ES ordres d'entrée pour les Soies doivent être remis au moins vingt-quatre heures à l'avance à l'Adminiſtration.

Le dépoſant doit déclarer ſur l'ordre d'entrée :

1° S'il ſe charge de faire porter la marchandiſe au Magaſin général, ou s'il demande que l'Adminiſtration faſſe prendre cette marchandiſe au domicile qu'il indiquera ;

2° S'il veut avoir un ou pluſieurs récépiſſés-warrants ſimples, & ſi ce récépiſſé-warrant doit être accompagné d'un procès-verbal d'eſtimation, ou d'un procès-verbal d'eſtimation & d'un bulletin de garantie de la Société pour une valeur quelconque ;

3° Pour quelle ſomme la marchandiſe doit être aſſurée contre l'incendie.

Lorſque la marchandiſe eſt reconnue & emmagaſinée, il eſt délivré au dépoſant un certificat d'entrée ſur lequel ſont inſcrits le nombre de balles, les marque, numéro & poids brut de chacune d'elles.

Les avaries apparentes, qui ont été conſtatées à la reconnaiſſance des balles, ſont mentionnées ſur ce certificat.

On y tranſcrit également, s'il y a lieu, la demande de récépiſſés-warrants que le dépoſant a faite ſur l'ordre d'entrée.

Ces récépiſſés-warrants, tels que le dépoſant les a demandés, lui ſont délivrés enſuite en échange du certificat d'entrée.

Quand le dépoſant ne demande pas de récépiſſé-warrant, il conſerve le certificat d'entrée, qui ſuffit & ſert, ſoit à opérer le transfert de la marchandiſe, ſoit à la retirer du Magaſin général.

Ce certificat peut toujours être échangé à la demande du dépoſant contre des récépiſſés-warrants, tels que le dépoſant déſire les avoir.

Les ordres d'entrée ſont exécutés à tour de rôle, ſans préférence ni faveur.

ART. 2.

Magaſinage & viſite des Soies.

Le magaſinage eſt dû ſur toutes les balles qui ſont

portées ſur un ordre d'entrée, à partir du jour de l'entrée de la première balle dans le Magaſin général.

Il eſt dû ſur le poids brut.

Quiconque n'aura pas remis au Magaſin général une partie de ſoies, dont la place aura été rètenue dans le Magaſin, devra payer un demi-mois de magaſinage, à titre d'indemnité pour le non-emploi de l'emplacement réſervé.

Il eſt perçu un droit de magaſinage d'un demi-mois, ſur les ſoies qui reſteront en magaſin de 1 à 15 jours.

Si elles reſtent plus de 15 jours, elles paieront le magaſinage d'un mois, & ainſi de ſuite.

Ce droit de magaſinage eſt payé comptant à la ſortie des marchandiſes.

Néanmoins, au 31 juillet & au 31 décembre de chaque année, la Compagnie peut réclamer le règlement & le paiement des droits de magaſinage échus à ces dates.

A moins de preſcription contraire, exprimée ſur l'ordre d'entrée, les ſoies conſignées ſont placées dans des magaſins où le public eſt admis à les viſiter, tous les jours non fériés, de neuf heures du matin à cinq heures du ſoir, ſans interruption.

D'autres magaſins ſont particulièrement affectés aux ſoies qui ne doivent être viſitées qu'avec l'agrément des dépoſants, & ſur un ordre écrit de leur part.

Le droit de magaſinage eſt le même dans les deux cas.

Des échantillons peuvent être remis, ſous la reſponſabilité du Magaſin général, aux perſonnes connues qui en font la demande, & contre leur fignature fur un regiftre fpécial.

Les frais d'ouverture de balle & de délivrance d'échantillon font à la charge des demandeurs, & payables comptant.

ART. 3.

Magafinage de Marchandifes autres que la Soie, dépofées pour la vente publique.

Les difpofitions précédentes font applicables aux marchandifes autres que les foies, qui entreront au Magafin général pour être vendues publiquement.

Les formalités à accomplir en cette circonftance font énoncées au titre III, article 12.

Le public fera admis, deux jours au moins avant la vente publique, à examiner & à vérifier les marchandifes dans une falle d'expofition particulière.

Toutefois, la Compagnie ne reçoit dans fa falle d'expofition que les Marchandifes dont la nature & le volume permettent de les y admettre.

Toutes les marchandifes qui ne font pas dans ce cas, font repréfentées dans cette falle par des échantillons.

ART. 4.

Affurance contre l'Incendie.

La Compagnie fe charge de faire couvrir les rifques d'incendie jufqu'à concurrence des fommes que les dépofants indiquent eux-mêmes dans les ordres d'entrée.

La Compagnie ſixe la valeur à aſſurer à l'égard des ſoies pour leſquelles elle a donné ſa garantie.

La prime d'aſſurance eſt perçue par la Compagnie au moment de la ſortie des marchandiſes, ſur la ſomme que le dépoſant a fixée dans ſon ordre d'entrée.

Cette prime eſt réglée par trimeſtre ſans fractionnement.

ART. 5.

Transferts.

Les transferts ont lieu ſur un ordre écrit du dépoſant, c'eſt-à-dire du cédant, portant mention de l'acceptation du ceſſionnaire, qui doit remettre en même temps un nouvel ordre d'entrée des ſoies qui ſont devenues ſa propriété.

Tous les frais relatifs aux transferts ſont à la charge du cédant.

Les frais de magaſinage courent à la charge du ceſſionnaire, à partir du jour de la ſignature de l'ordre de transfert remis par le cédant.

ART. 6.

Manutention, Cordage, Réemballage.

La Compagnie ſe charge du cordage & du réemballage des balles qui ſont dépoſées dans le Magaſin général, comme de toutes les autres manutentions qui les concernent.

ART. 7.

Sortie des marchandiſes.

Les marchandiſes dépoſées, pour leſquelles il n'a été

délivré qu'un certificat d'entrée, font remifes, livrées, transférées, expédiées, fur un fimple ordre de fortie, que le titulaire du certificat d'entrée, ou fon fondé de pouvoir, donne pour tout ou partie defdites marchandifes.

La fortie des marchandifes n'eft autorifée qu'après acquittement des frais dus à la Compagnie.

Les Marchandifes dépofées, pour lefquelles il a été délivré des récépiffés à ordre avec warrants, ne font livrées, transférées, expédiées, que fur la remife des récépiffés, foit avec les warrants, foit en faifant dépôt des fommes, en capital & intérêts, avancées fur warrants, conformément à l'infcription qui en aura été faite fur les livres du Magafin général, & fans préjudice de tous frais.

Les dépofants, ou tous autres fondés à délivrer, en leur lieu & place, des ordres de fortie, doivent indiquer fur l'ordre de fortie :

1° S'il faut faire un nouvel emballage des foies ;

2° Si les balles doivent recevoir des marques & numéros particuliers ;

3° Le nom & le domicile du deftinataire ;

4° En cas d'expédition, par quelle voie cette expédition doit avoir lieu.

Les ordres de fortie font exécutés par la Compagnie, pour ce qui la concerne & autant que faire fe peut, dans la journée même où ils font reçus ; ils font, dans tous les cas, fauf le cas de force majeure, exécutés dans les vingt-quatre heures.

Les ordres de fortie, de livraifon ou d'expédition font exécutés à tour de rôle & fans préférence.

Art. 8.

Refus d'acquitter les droits de Magasinage & autres réclamés par la Compagnie.

Les Marchandises déposées dans les Magasins peuvent être retenues par la Compagnie, en garantie des droits de magasinage ou autres frais dus à la Compagnie, que le déposant a refusé d'acquitter.

Sont considérées comme nulles toutes les réclamations au sujet des frais, qui ne sont pas adressées par écrit à la Compagnie, dans les huit jours de la remise des bordereaux.

Art. 9.

Responsabilité de la Compagnie.

La Compagnie n'accepte la responsabilité de la garde & de la conservation des Marchandises qui lui sont confiées, que dans les termes & les limites du contrat à commission, & seulement à partir du moment où il est constaté qu'elle a pris charge de ces marchandises.

Cette constatation a lieu par la remise faite, par la Compagnie au déposant, du certificat d'entrée.

TITRE II.

DELIVRANCE DES TITRES REPRESENTATIFS.

Art. 10.

Récépissés à ordre & Warrants.

Les récépissés à ordre & les warrants, aux termes des

articles 1 & 2 de la loi du 28 mai 1858, & de l'article 15 du décret du 12 mars 1859 sont délivrés à tous les déposants, sur leur demande écrite, pour les marchandises qui existent sous leur nom dans le Magasin général.

Les articles précités sont ainsi conçus :

Loi du 28 mai 1858.

Art. 1er. Des récépissés délivrés aux déposants énoncent leurs nom, profession & domicile, ainsi que la nature de la marchandise déposée, & les indications propres à en établir l'identité & à en déterminer la valeur.

Art. 2. A chaque récépissé de marchandises, est annexé, sous la dénomination de warrant, un bulletin de gage contenant les mêmes mentions que le récépissé.

Décret du 12 mars 1859.

Art. 15. A toute réquisition du porteur du récépissé & du warrant réunis, la marchandise déposée doit être fractionnée en autant de lots qu'il lui conviendra, & le titre primitif remplacé par autant de récépissés & de warrants qu'il y aura de lots.

ART. 11.

Estimation & garantie de la valeur des Marchandises déposées dans le Magasin général.

Des bulletins d'estimation & de garantie de la valeur des Marchandises déposées sont délivrés à tous les déposants qui en font la demande, pour les Marchandises existant dans le Magasin général, au nom de ces déposants, & dans les conditions des Articles 22 à 26 des Statuts.

Ces articles ſont conçus comme ſuit :

Art. 22. La Société peut, ſur la demande des dépoſants, faire eſtimer les Marchandiſes dépoſées dans le Magaſin général.

Cette eſtimation eſt faite au cours du jour, par un ou deux Courtiers de commerce délégués par le Conſeil d'Adminiſtration, & certifiée par un adminiſtrateur, ſans que la Société puiſſe être, en aucun cas, reſponſable de cette eſtimation.

Art. 23. La Société peut garantir au porteur du warrant, pour un temps déterminé, la valeur des marchandiſes dépoſées dans le Magaſin général. Cette garantie ne peut dépaſſer, en aucun cas, les huit dixièmes de la valeur réelle des marchandiſes, au jour où cette garantie eſt donnée. Le temps pendant lequel cette garantie a ſon effet, ne peut pas excéder quatre-vingt-dix jours. La garantie ceſſe de plein droit après ce terme.

Art. 24. Il eſt délivré un bulletin de garantie, lequel eſt joint au warrant dont il reproduit les indications, afin de bien établir la connexité des deux titres.

Art. 25. Le Conſeil d'adminiſtration fixe ſeul le chiffre & le terme de garantie.

Art. 26. A l'expiration du terme de cette garantie, celle-ci peut être renouvelée, mais le chiffre & le terme de cette garantie doivent être l'objet d'une délibération nouvelle du Conſeil.

TITRE III.

VENTES PUBLIQUES.

Art. 12.

Diſpoſitions générales.

Les ventes publiques ont lieu dans les termes des articles 6, 21 à 23 & 25 du Décret du 12 Mars 1859 & de l'article 29 des Statuts de la Société (1).

(1) Voir pages 43 & 44.

Toute perſonne qui veut faire vendre en vente publique des Marchandiſes compriſes dans le Tableau annexé à la loi du 28 Mai 1858 (1), doit adreſſer une demande à la Compagnie dans les délais qui ſont preſcrits à l'article 13. Cette demande doit être accompagnée d'une autoriſation de diſpoſer des marchandiſes & d'un état de lotiſſement.

La demande doit indiquer ſi le vendeur veut louer ſeulement la ſalle de vente & ſe charger de toutes les diſpoſitions relatives à la vente, ou ſi, au contraire, il veut traiter à forfait avec la Compagnie pour le tout.

Dans le premier cas, le vendeur doit faire apporter ſes Marchandiſes à la ſalle de vente & les faire livrer enſuite à l'acheteur. La Société du Magaſin général n'eſt tenue qu'à la garde & à la ſurveillance de ces marchandiſes; elle confie ce ſoin à ſes propres agents & n'admet dans les Magaſins aucun employé étranger.

Dans ce même cas, le vendeur doit payer, outre les frais de location de la ſalle, les droits de magaſinage pour le ſéjour des marchandiſes qui ont été dépoſées dans l'établiſſement.

Le montant de ces frais eſt exigible au moment de la remiſe de l'ordre de vente; il doit être acquitté avant l'enlèvement des marchandiſes, & demeure acquis à la Société, lors même que la vente n'aurait pas eu lieu.

Dans le ſecond cas, la Compagnie prend à ſa charge, moyennant le droit de commiſſion qui eſt marqué au Tarif :

---

(1) Voir page 45.

1° Les frais de tranſport des Marchandiſes, du domicile du vendeur, de la Douane ou des gares de chemin de fer, dans le Magaſin général ;
2° Les droits de magaſinage pendant le ſéjour deſdites Marchandiſes ;
3° Les frais de location de la Salle de vente ;
4° Les frais des publications exigées par la loi, par affiches, journaux & catalogues ;
5° Le courtage ;
6° Les droits d'enregiſtrement de la vente ;
7° Les frais de livraiſon chez l'acheteur.

La Commiſſion, ſtipulée plus haut, eſt perçue ſur le poids brut & payée au moment de la remiſe de l'ordre de vente ; elle eſt acquiſe à la Société, quand même la vente n'aurait pas lieu.

Si la vente eſt accomplie, le droit de commiſſion eſt établi ſur le produit net de la vente, & la différence entre le règlement proviſoire & le règlement définitif eſt exigible après la vente, &, en tout cas, avant l'enlèvement de la marchandiſe.

Art. 13.

Diſpoſitions particulières aux Ventes publiques, faites par les ſoins de la Compagnie, de toutes les Marchandiſes, les Soies exceptées, qui ſont compriſes dans le Tableau annexé à la Loi du 28 Mai 1858.

L'ordre de vente de toutes les Marchandiſes autres que les Soies, pour leſquelles le vendeur aura traité à forfait avec la Compagnie, doit être remis, dans les Bureaux de celle-ci, huit jours au moins avant le jour où la vente aura lieu, & la Marchandiſe ſera apportée au Magaſin général trois jours avant la vente.

Les Marchandiſes compriſes dans la préſente catégorie qui auront été vendues par les ſoins de la Société, doivent être enlevées, contre paiement comptant, dans les 24 heures qui ſuivront la clôture de la Vente.

ART. 14.

Diſpoſitions particulières aux ventes publiques de Soies faites par les ſoins de la Compagnie.

La Compagnie, voulant contribuer, autant qu'il dépend d'elle, à attirer ſur la place de Lyon le plus grand concours de Vendeurs & d'Acheteurs de Soies, en donnant aux uns & aux autres le temps néceſſaire pour faire leurs diſpoſitions & ſe rendre à Lyon, réſervera régulièrement ſa Salle de vente, pour y faire, le 20 de chaque mois (ou le lendemain, ſi le 20 eſt un jour férié), une vente publique de toutes les Soies, dont les ordres de vente lui auront été remis juſqu'au 13 du même mois, & les Marchandiſes juſqu'au 16.

Ces termes ſont de rigueur.

Les Soies, qui ſont vendues aux enchères publiques au Magaſin général, ſont payables comme ſuit :

25 p. 100 dans les 24 heures après la clôture de la vente ;

75 p. 100 dans les neuf jours qui ſuivent le premier verſement.

Si l'acheteur n'eſt pas domicilié à Lyon, il doit fournir caution.

Voici le texte des articles du décret du 12 mars 1859 & des Statuts de la Société qui font relatifs au fervice des ventes publiques.

DECRET DU 12 MARS 1859.

Art. 6. Les exploitants des Magafins généraux & des Salles de vente font tenus de les mettre, fans préférence ni faveur, à la difpofition de toute perfonne qui veut opérer le magafinage ou la vente de fes marchandifes dans les termes des lois du 28 mai 1858.

Art. 21. Le lieu, les jours, les heures & les conditions de la vente, la nature & la quantité de la marchandife doivent être trois jours au moins à l'avance, publiés au moyen d'une annonce dans l'un des journaux défignés pour les annonces judiciaires de la localité, &, en outre, au moyen d'affiches appofées à la Bourfe, ainfi qu'à la porte du local où il doit être procédé à la vente, & du magafin où les marchandifes font dépofées.

Deux jours au moins avant la vente, le public doit être admis à examiner & vérifier les marchandifes, & toutes facilités doivent lui être données à cet égard.

Art. 22. Avant la vente, il eft dreffé & imprimé un catalogue des denrées & marchandifes à vendre, lequel porte la fignature du courtier chargé de l'opération. Ce catalogue eft délivré à tout requérant.

Art. 23. Le catalogue énonce les marques, numéros, nature & quantité de chaque lot de marchandifes, les magafins où elles font dépofées, les jours & les heures où elles peuvent être examinées, & le lieu, les jours & les heures où elles feront vendues.

Sont mentionnées également les époques de livraifon, les conditions de paiement, les tares, avaries & toutes les autres indications & conditions qui feront la bafe & la règle du contrat entre les vendeurs & les acheteurs.

Art. 25. Les lots ne peuvent être, d'après l'évaluation approximative, & felon le cours moyen des marchandifes, au-deffous de ƒoo francs.

STATUTS DE LA SOCIETE.

Art. 29. La Société donne à loyer fa falle de ventes publiques pour y opérer la vente publique de toutes Marchandifes, dans les termes de la loi du 28 mai 18ƒ8.

Elle peut auffi procéder elle-même à la vente publique, pour compte de tiers, de Marchandifes libres ou engagées, dépofées ou non dans les Magafins généraux ou des entrepôts, comme de celles dont la vente publique eft requife conformément à l'article 7 de la loi du 28 mai 18ƒ8; le tout en fe conformant aux lois, décrets & règlements fur la matière.

Ces ventes publiques ont toujours lieu par le miniftère de courtiers de commerce.

La Société prend fur les ventes, dont elle eft fpécialement chargée, un droit de commiffion.

TABLEAU DES MARCHANDISES

qui peuvent être vendues en gros aux enchères publiques conformément à la loi du 28 mai 1858.

1° Marchandises exotiques :

Denrées alimentaires, Matières premières néceſſaires aux Fabriques, & tout produit quelconque deſtiné à la réexportation.

2° Marchandises indigènes.

Grains, Graines et Farines.
Légumes secs et Fruits secs.
Cire et Miel.
Sucres bruts.
Laines.
Chanvres et Lins.
Soies.
Racines et Produits tinctoriaux.
Huiles.
Vins et Esprits.
Savons.
Produits chimiques.
Cuirs et Peaux bruts.
Poils, Crins et Soies d'animaux.
Graisse, Suif et Stéarine.
Houille et Coke.
Bois et Matériaux de construction.
Métaux bruts.

TARIF

CAMIONNAGE A L'ENTREE ET A LA SORTIE.

Soies. Par kilogramme & ſans diſtinction de diſtance. . . . . 0 fr. 01 c.
Autres Marchandiſes. Par cent kilogr. . . 1 »

MAGASINAGE.

Soies.

Par mois & par balle de 80 kilogr. & au-deſſous. . . . . 0 fr. 80 c.
Et au-deſſus de 80 kilogram. par kilogram. 0 01

Avec fractionnement par quinzaine. Toute quinzaine commencée ſera conſidérée complète.

Marchandiſes autres que les Soies.

Les Marchandiſes dépoſées pour être vendues ſans le concours de la Compagnie, paieront . . . 1 fr. par 100 kilog., à titre de droit de magaſinage.

ASSURANCE CONTRE L'INCENDIE
DES SOIES DEPOSEES DANS LE MAGASIN GENERAL.

Par trimeſtre, ſans fractionnement & par 1,000 francs . . . . 0 fr. 25 c.

La Compagnie ne ſe charge pas d'aſſurer les Marchandiſes autres que les Soies qui lui ſeront remiſes pour être vendues aux enchères publiques.

Ouverture des balles et remise d'échantillons.

Ouverture pour reconnaiſſance d'une balle au-deſſous de 60 kilogrammes, chaque fois	0 fr. 40 c.
Ouverture d'une balle au-deſſus de 60 kilogrammes, chaque fois.	1 »
Remiſe d'échantillons, chaque fois	0 20

Warrants, bulletins d'estimation et bulletins de garantie.

Warrant ſimple, timbre de 35 centimes compris	1 fr.
Bulletin d'eſtimation	5
Plus pour chaque balle eſtimée	1

Bulletin de garantie. Commiſſion de 1/4 p. 100 pour trois mois ſur la valeur garantie. Frais de timbre en ſus.

Transcription de l'endossement des warrants sur les livres de la Compagnie.

Chaque tranſcription d'endoſſement ou transfert	0 fr. 50 c.

Emballage et cordage.

Réunion de 2 balles de ſoie de Chine ſous un même emballage	5 fr. » c.
Idem pour 3 balles	7 50

Réunion de 4 balles de soie de Chine sous un même emballage . . . . 10 fr. » c.
Cordage de balle de 60 kilog. & au-deſſous. 2 »
— de balle de plus de 60 kilog. . . 3 »

Ventes publiques de soies.

1° *Sans le concours de la Société.*

Location de la ſalle par jour de vente . . . 100 fr.
Plus, le magaſinage conformément au tarif.

2° *Avec le concours de la Société.*

Commiſſion de vente, dans les termes exprimés au Règlement, titre III, article 14, par 100 f. 2 fr.
Si la vente n'a pas lieu. . par 100 kilog. 25 »

Ventes publiques de marchandises autres que les soies.

1° *Sans le concours de la Société.*

Location de la ſalle par jour de vente . . . 100 fr.
Plus, le Magaſinage conformément au Tarif.

2° *Avec le concours de la Société.*

Commiſſion de vente dans les termes exprimés au Règlement, titre III, article 13, ſur le montant net de la vente par 100 fr. . . . . 2 fr.
Si la vente n'a pas lieu, 1 p. 100 ſur la miſe à prix.

RAPPORTS

PREMIERE ASSEMBLEE GENERALE
du 6 juin 1860.

RAPPORT DE M. ARLÈS-DUFOUR
au nom du Conseil d'administration.

ETTE réunion, la première des Actionnaires de cette Compagnie, a eu lieu, le 6 juin courant, à deux heures, au siége de la Société, place des Pénitents-de-la-Croix, 4.

Elle était présidée par M. Arlès-Dufour, président du Conseil d'administration.

Etaient présents, comme administrateurs : MM. Paul Chartron, Oscar Galline, Adolphe Girodon, Amédée Monterrad & Saint-Olive.

Après la formation du bureau, composé des deux plus forts Actionnaires présents comme scrutateurs, MM. Théodore Côte & Morin, de la maison veuve Morin-Pons & Morin, & de M. Lalouette, directeur de la Compagnie l'Omnium, comme secrétaire, M. Arlès-Dufour a fait à l'Assemblée le rapport suivant au nom du Conseil.

MESSIEURS,

La Société du Magasin général des Soies de Lyon n'ayant pas encore fonctionné, le rapport que j'ai l'honneur de vous faire, au nom du Conseil d'administration, présente naturellement peu d'intérêt, il vous dira cependant les raisons qui ont motivé cet établissement & les espérances qu'il nous inspire.

Peu de fabricants, peu de négociants, se doutent aujourd'hui qu'avant la révolution de 1789, & sous l'influence des règlements de Colbert, les fabricants de Lyon n'étaient pas libres d'employer, dans la composition des plus belles étoffes, d'autres soies que celles de Chine, celles de France & d'Italie étant considérées alors comme trop inférieures.

La révolution & les guerres de l'Empire, en interrompant pendant vingt-cinq ans toutes communications maritimes, firent perdre l'usage & jusqu'au souvenir des soies d'Asie, qui, par les mêmes raisons, furent presque exclusivement employées par les fabriques de la Grande-Bretagne.

Après la paix de 1815, & jusqu'à nos mauvaises récoltes, soit pendant près de quarante ans, ces fabriques ont seules connu, apprécié & employé ces soies, dont nos mouliniers & nos fabricants persistaient à regarder l'emploi comme impossible ou ruineux.

Pour vaincre leur préventions, leurs répugnance, il a fallu la *nécessité*, cette mère des grands progrès dans le monde. Six à sept mauvaises récoltes successives les ont éclairés, &, aujourd'hui, ils ne pourraient plus se passer des soies d'Asie, dont ils emploient plus d'un million & demi de kilogrammes par an, s'élevant à 80,000,000 de francs environ.

En effet, les tableaux des douanes constatent que, pendant la période quinquennale de 1847 à 1851, quand nos récoltes étaient encore bonnes ou médiocres, nos fabriques n'ont reçu, soit directement soit par les entrepôts anglais, qu'environ 2,500,000 kilogr. de soies d'Asie, &, dans la période quinquennale de 1855 à 1859 (années de mauvaises récoltes), elles en ont reçu plus de 9,000,000 de kilogr., dont au moins 6,000,000 importés des entrepôts anglais & coûtant, par conséquent, 4 à 5 % plus cher que s'ils avaient été importés directement sur les marchés de Lyon & de Marseille.

Cette situation désavantageuse ne tarda pas à frapper nos fabricants & nos négociants plus particulièrement appelés à s'occuper de ces soies ; mais, ce ne fut cependant qu'à la suite d'une mission donnée à l'un d'eux, en 1857, par M. le Ministre du Commerce, que la question des *magasins généraux*, des *ventes publiques* & des *warrants* fut sérieusement agitée sur notre place & même à Paris. On s'aperçut bien vite que l'industrie française, & surtout la nôtre, n'aurait toute sa force que le jour où elle posséderait les facilités de crédit & d'approvisionnement les plus favorisées, les plus perfectionnées.

On reconnut aussi qu'au moyen de simples modifications dans la législation, on donnerait immédiatement ces facilités au commerce & à l'industrie.

Il est probable que, lorsque nos lois de douane & les institutions nouvelles dont nous venons de parler auront mis nos moyens d'action au niveau de ceux de l'Angleterre, nos entrepôts l'emporteront sur les siens quant à l'approvisionnement des consommations du continent; car, grâce à sa position topographique & à ses chemins de fer, qui rayonnent vers tous les grands centres continentaux, la France est mieux placée que l'Angleterre pour ce service.

Si ce fait n'est que probable, relativement aux approvisionnements en général, on peut dire qu'il est certain en ce qui regarde les soies de toute provenance dont Lyon est naturellement appelé à devenir l'entrepôt général continental; si nous avons surtout parlé des soies d'Asie, ce n'est pas que nous considérions que notre établissement sera moins intéressant pour celles de l'Europe, nous comptons, au contraire, qu'elles occuperont, dans notre mouvement général, une place d'autant plus large, que nous recevrons, ainsi que nos statuts nous y autorisent, les cocons, les doupions, les frisons, les bourres & généralement toutes les matières provenant de la soie.

Ce ne fut cependant qu'à la fin de 1858 que le projet très-discuté, très-controversé & fort critiqué de la fondation, à Lyon, d'un établissement analogue aux Docks de Londres, fut sérieusement arrêté.

Ce premier projet fut préſenté au Miniſtre du Commerce en avril 1859, ſous le titre de *Banque & Magaſin général des Soies*, comportant: 1° la faculté de l'*entrepôt*, avec émiſſion de warrants; 2° les *ventes publiques*; 3° l'*eſcompte* des warrants.

Avant d'aller plus loin, il eſt de notre devoir de payer ici un tribut de reconnaiſſance aux chefs de la Direction du Commerce intérieur, au Miniſtère du Commerce, qui, reconnaiſſant dans notre projet le caractère d'intérêt public ont donné à notre collègue & délégué, M. Rondot, toutes les facilités en leur pouvoir. Néanmoins, d'après leurs conſeils, nous renonçâmes à la faculté d'eſcompter nos propres warrants, faculté qui eût néceſſité la création d'un capital ſpécial, & qui fut d'ailleurs remplacée par celle d'émettre des *warrants* avec *valeur garantie*.

Dès lors, notre établiſſement ne s'appela plus que *Magaſin général des Soies de Lyon*.

En renonçant à l'opération de l'*eſcompte des warrants*, notre capital primitif devenait plus que ſuffiſant; nous ne jugeâmes cependant pas néceſſaire de le réduire & préférâmes le maintenir nominalement, ſauf à ne pas l'appeler entièrement.

Nos ſtatuts nous interdiſant toute opération pour notre compte, toute immobiliſation de capital, même momentanée, le nôtre ſe trouve réduit, comme dans les compagnies d'aſſurance, au rôle de fonds de *garantie* & de roulement; il eſt donc probable que les 100 fr. verſés par action, qui conſtituent une ſomme de 370,000 fr., ſeront, pendant longtemps, plus que ſuffiſants.

Malgré toute la bienveillance que nous avons rencontrée au Confeil d'Etat, comme au Miniftère du Commerce, ce n'eft que le 29 octobre 1859 que nous avons obtenu notre décret conftitutif. Il eft vrai que la Société anonyme que nous follicitions, étant la première bafée fur les principes & les priviléges de la nouvelle loi du 28 mai 1858 fur les ventes publiques & les warrants, les difcuffion & l'approbation de nos ftatuts devaient être plus difficiles & plus longues.

Nous avions d'ailleurs fubftitué à la faculté d'efcompter nos warrants, qu'on nous refufait, celle d'en garantir la valeur dans certaines limites, & cette importante innovation, qui donne à notre établiffement une fupériorité réelle fur les établiffements étrangers analogues, devait naturellement entraîner un férieux examen, tant au Miniftère qu'au Confeil d'Etat.

Grâce à ce nouveau moyen de crédit, les détenteurs de foies qui voudront mobilifer une partie de leurs marchandifes entrepofées, le pourront en endoffant fimplement le warrant comme un effet de commerce.

En effet, ce warrant, avec valeur garantie par le Magafin général, aura ce grand avantage que le dépofant pourra le préfenter lui-même directement & fans aucun intermédiaire à l'efcompte de la Banque de France, qui confidère cette garantie comme la troifième fignature.

Avant même l'obtention du décret, nous avons dû nous occuper de notre organifation & furtout du local, chofe fi importante & fi difficile aujourd'hui dans notre ville.

Fort heureufement, les bâtiments de l'ancienne banque de Lyon étaient libres, & il nous fut loifible de les acquérir ou de les louer. Quoique l'achat nous eût procuré le placement immédiat & sûr d'une forte partie de notre capital, la prudence nous fit préférer la location pour neuf ans, à raison de 12,000 fr. par an.

Pour répondre à sa nouvelle destination, ce local avait besoin d'importantes réparations; mais, avant de les entreprendre, nous avons donné mission à M. Philippe, nommé par le Conseil d'administration directeur du Magasin général, d'aller étudier, à Londres, au Havre & à Paris, l'organisation & l'administration des établissements analogues.

C'est à son retour seulement, & appuyés des nombreux renseignements qu'il a recueillis, que nous avons procédé à l'organisation du local & de nos services.

Ce travail a été retardé par la rigueur & la longueur extraordinaires de l'hiver; il est vrai, d'ailleurs, que nous ne l'avons pas activé, sachant bien qu'aussi longtemps que durera la rareté des soies, l'établissement fonctionnera peu. L'essentiel était qu'il fût prêt pour la récolte, &, dès aujourd'hui, nous pouvons fixer son ouverture au 18 courant.

Le versement de 100 fr. par action a produit la somme de 370,000 francs, que le Conseil a placée à raison de 2 1/2 %, & qui, le 31 mai s'élevait à 383,786 fr. 90 c.

Les dépenses faites jusqu'à ce jour pour l'obtention de la Société anonyme, impressions, publications, voyages, frais d'actes & d'enregistrement, s'élèvent à 4,000 fr. Les dépenses faites jusqu'au 31 mai pour le personnel, le loyer, les impôts, l'assurance, les menus frais, s'élèvent à 14,000 francs environ.

Les réparations, y compris le mobilier, s'élèveront à environ 31,000 fr. Nous nous propofons de confidérer & de porter ces trois catégories de dépenfes qui s'élèveront enfemble à 49,000 fr., comme frais de premier établiffement, qui feront amortis fucceffivement année par année.

Fidèles aux habitudes lyonnaifes, qui font de notre place l'une des plus folides de l'Europe, nous avons organifé nos fervices avec une économie toute commerciale, & de manière à ce que le plus modefte courant d'affaires couvre nos frais généraux qui, nous l'efpérons, ne monteront pas à plus de *foixante mille francs*, en y comprenant l'amortiffement des frais de premier établiffement, les jetons de préfence, la perte d'intérêt fur le capital verfé, &c.

Nous voudrions pouvoir formuler auffi nos efpérances fur l'importance de nos opérations & de nos bénéfices; mais ils dépendent de trop de circonftances en dehors de toute prévifion.

Ce que nous pouvons formuler & affirmer, c'eft que rien ne fera négligé par nous, pour donner à ce nouvel inftrument de profpérité commerciale & induftrielle toute l'importance & toute l'activité dont il eft fufceptible.

Nous aurons à cœur de lui faire réalifer les juftes efpérances qu'il a éveillées, & de diffiper les craintes qu'il a fait naître.

Ces craintes portent furtout fur l'affaibliffement que pourrait caufer l'introduction de facilités de crédit, toutes nouvelles, à la folidité proverbiale de la place de Lyon.

Toutes les innovations ont toujours & partout fufcité

des craintes, des appréhenfions, des oppofitions; mais, lorfqu'elles répondaient à des befoins réels, l'application en faifait prompte juftice.

Nous avons l'intime conviction qu'il en fera de même pour le *Magafin général des Soies*, qui, tout en donnant aux induftriels petits ou timides, mais actifs & intelligents, les moyens de grandir, aidera auffi les grands et les forts qui voudront étudier & fe fervir de ce nouvel inftrument.

Jufqu'ici, en France, les emprunts fur marchandifes ou produits ont été entourés de tant d'entraves, de difficultés fi méticuleufes, qu'ils excitent partout une certaine répugnance & même un fentiment défavorable que la nouvelle loi & les établiffements qui vont en être la conféquence doivent faire bientôt difparaître.

Il n'y a pas longtemps que les mêmes préventions, les mêmes préjugés exiftaient encore à l'égard de l'efcompte du papier long de commerce & furtout des emprunts fur dépôt de titres de valeurs induftrielles. Aujourd'hui, les maifons les plus riches & les plus honorables utilifent journellement ces légitimes facilités de crédit; or, l'emprunt fur marchandifes, régularifé & facilité par l'introduction du warrant, fera tout auffi légitime, tout auffi normal que l'efcompte du papier de commerce, ou l'emprunt fur valeurs induftrielles ou fur fonds publics, & nous efpérons bien qu'il entrera auffi promptement qu'eux dans les habitudes de notre place, dont il augmentera énormément les reffources, en mobilifant à volonté une grande partie des capitaux aujourd'hui immobilifés en pure perte, fans profit pour perfonne.

Il eft bon auffi de rappeler que la nouvelle & grande

politique commerciale inaugurée par l'Empereur, va nous mettre en concurrence directe & sérieuse avec l'industrie anglaise qui, depuis bien longtemps, s'est affranchie de nos préjugés contre les emprunts ou les crédits sur marchandises, & qui, — depuis longtemps, — connaît & utilise les nouveaux établissements qu'à son exemple la France s'occupe à fonder.

A la suite de la lecture de ce rapport, M. le Président prie l'Assemblée de procéder, conformément à l'article 44 des statuts, à la nomination au scrutin de trois Censeurs, exprimant le désir que les choix portent sur des notabilités de la finance, du commerce des soies & de la Fabrique.

Ont été nommés à l'unanimité des Actionnaires présents :

MM. Emilien Teissier, directeur de la succursale de la Banque de France;
Prosper Dugas, marchand de soies;
Edouard Tresca, fabricant d'étoffes de soie.

Le Conseil d'administration du *Magasin général des Soies*, ainsi complété, se compose de

Président : M. Arlès-Dufour, ancien négociant, officier de la Légion-d'Honneur, membre de la Chambre de Commerce, du Conseil général & Conseil municipal, censeur de la Banque ;

Vice-Président : M. Oscar Galline, banquier, membre

de la Chambre de Commerce & du Conſeil d'adminiſtration des hôpitaux ;

MM.

Henry Aynard, banquier, chevalier de l'ordre de la Légion-d'Honneur, ancien préſident du Tribunal de Commerce, membre de la Chambre de Commerce, cenſeur de la Banque ;

Paul Chartron, négociant marchand de ſoies ;

Joseph Denavit, négociant marchand de ſoie ;

Eugène Durand, fabricant d'étoffes de ſoies ;

Adolphe Girodon, fabricant d'étoffes de ſoies, chevalier de l'ordre de la Légion-d'Honneur, membre de la Chambre de Commerce ;

Amédée Monterrad, ancien fabricant d'étoffes de ſoie, membre de la Chambre de commerce & du Conſeil d'adminiſtration des hôpitaux ;

Natalis Rondot, officier de l'ordre de la Légion-d'Honneur, ancien membre de la Miſſion de France en Chine, délégué de la Chambre de Commerce, à Paris ;

Roé, négociant marchand de ſoies, aſſocié de la maiſon veuve Guérin & fils ;

Saint-Olive, ancien fabricant d'étoffes de ſoie, préſident du Conſeil d'adminiſtration du Mont-de-Piété, cenſeur de la Banque ;

Félix Vernes, banquier, à Paris ;

Cenſeurs :

Prosper Dugas, marchand de ſoies ;

Emilien Tessier, directeur de la ſuccurſale de la Banque de France ;

Edouard Tresca, fabricant d'étoffes de ſoie.

M. le Préſident informe MM. les Actionnaires préſents que, par ſuite d'une déciſion du Conſeil d'adminiſtration, les récépissés proviſoires ſeront échangés à partir du 20 courant, dans les bureaux de la Compagnie, contre des certificats d'action nominatifs.

La ſéance étant levée, M le Préſident invite MM. les Actionnaires à viſiter l'établiſſement dans toutes ſes parties.

Cette viſite terminée, MM. les Actionnaires témoignent unanimement à M. le Préſident & à MM. les Membres du Conſeil leur ſatisfaction ſur l'intelligente ordonnance & la parfaite appropriation de tout ce qu'ils ont vu.

DEUXIÈME ASSEMBLÉE GÉNÉRALE
du 6 février 1860.

RAPPORT DE M. ARLÈS-DUFOUR
Au nom du Conſeil d'adminiſtration.

MESSIEURS,

C'EST le 6 juin dernier que nous vous réuniſſions pour la première fois en Aſſemblée générale, pour procéder en quelque ſorte à l'inſtallation officielle de notre Magaſin général des Soies.

Aujourd'hui, après un premier exercice écoulé de sept mois à peine, c'eſt pour obéir aux ſtatuts & nous conformer à l'art. 48 que nous vous avons convoqués de nouveau, comprenant bien que le compte-rendu d'une période de début auſſi courte ne ſaurait préſenter qu'un très-faible intérêt.

En effet, Meſſieurs, c'eſt tout au plus ſi, dans des circonſtances normales, l'exercice d'une année entière eût ſuffi pour faire connaître l'inſtitution & apprécier les ſervices qu'elle eſt appelée à rendre ; il ne faut donc pas s'étonner ſi, dans la période tout-à-fait anormale que nous venons de traverſer, elle n'eſt pas plus connue, plus utiliſée.

D'abondantes récoltes ou des beſoins d'argent réſultant de l'importance des achats ou des conſignations, ſont indiſpenſables pour faire ſentir la convenance, ſinon la néceſſité d'*entreposer* ou de mobiliſer la soie par les warrants.

Vous savez, Meſſieurs, qu'il n'en a point été ainſi.— La dernière récolte a été encore mauvaiſe, les ſoies ont été rares, elle n'ont donné lieu nulle part à de forts débours, à d'importantes avances, & enfin, l'argent eſt reſté abondant & facile juſqu'au moment de la criſe d'Amérique.

Il faut donc le reconnaître, Meſſieurs, l'inſignifiance des opérations du Magaſin général était une chose prévue, & que notre précédent rapport vous faiſait entrevoir.

Nous en résumons ainſi les causes :

Mauvaiſes récoltes,

Rareté des ſoies,

Abondance & facilité d'argent & de crédit.

Puis enfin, nous ne mentionnerons que pour mémoire les préjugés, ou plutôt les préventions manifeſtées contre l'usage des warrants & des dépôts dans notre établiſſement, perſuadés que ces idées fauſſes doivent s'effacer chaque jour, & que l'emprunt ſur warrant ou papier de marchandiſe, tout auſſi normal, tout auſſi commercial que l'eſcompte du papier de commerce ou l'emprunt sur dépôt de valeurs induſtrielles doit, en pénétrant dans nos habitudes, ſe vulgariſer de plus en plus, & que ce n'eſt plus là, pour nous, qu'une queſtion de temps et de patience.

Déjà, Meſſieurs, une ère nouvelle ſemble s'ouvrir pour notre établiſſement à la ſuite de la criſe commerciale que nous traverſons, & de la cherté d'argent qui en eſt la conſéquence, nous ſommes heureux de pouvoir vous annoncer que les ſoies ont commencé, depuis cette nouvelle année, à arriver dans nos magaſins en quantité plus importante, & que bon nombre de warrants ont été délivrés.

Tout nous fait donc eſpérer que, lorſque l'expérience aura fait comprendre la ſimplicité de nos rouages, & les facilités offertes au public, notre ſuccès deviendra aſſuré, en tout état de cauſe.

En attendant, Meſſieurs, nous avons à vous rendre compte de notre ſituation financière au 31 décembre dernier.

Nous dépoſons ſur le bureau le bilan de la Société, ainſi que l'analyſe du compte de profits & pertes.

Vous remarquerez que le compte des frais de premier établiſſement comprenant le coût du mobilier, a été définitivement arrêté à la ſomme de 44,379 fr. 45 c., au lieu de celle de 49,000 fr. à laquelle ils avaient été évalués dans notre dernier rapport.

Ce compte, qui devra être amorti chaque année, a été laiſſé tel quel pour ce premier exercice qui peut n'être confidéré, en définitive, que comme une période d'inftallation.

Toutefois, & comme compenfation à cette abfence d'amortiffement, vous trouverez que les frais généraux de ces 7 mois qui s'élèvent pour ce même exercice à la fomme de 26,949 fr. 23 c. — comprennent le loyer de toute l'année du local que nous occupons.

Ces frais d'ailleurs font inférieurs à nos prévifions du mois de juin dernier, & je dois ajouter que le Confeil d'adminiftration, pénétré de la néceffité d'y apporter la plus ftricte économie, n'a pas héfité à renoncer provifoirement à toute allocation de jetons de préfence.

Nous devons en outre vous annoncer que le taux de l'intérêt qui nous était payé par nos banquiers, n'étant plus en rapport avec l'état des chofes, nous avons jugé convenable de faire un emploi en rentes fur l'Etat de la majeure partie de notre fonds difponible.

En réfumé,

Les frais généraux & autres de toute nature, s'étant élevés à.		27,423 fr.	78 c.
Si nous en déduifons			
Les intérêts produits par le capital focial.	18,595 78	20,940	43
Les produits encaiffés.	2,344 65		
Il reste une perte nette de		6,483	35

non compris les intérêts du capital verfé.

Cette fomme figurera fur l'exercice courant, comme le premier article du compte de profits & pertes.

Si peu fatiffaifant que foit ce réfultat, il n'a rien qui foit de nature à nous effrayer, & comme nous, Meffieurs, vous refterez convaincus que, dans de telles conditions d'économie, notre établiffement couvrira fes frais, même avec les affaires les plus reftreintes.

Mais là, Meffieurs, eft loin de fe borner notre efpoir. Ainfi que nous vous l'avons déjà dit, nous avons foi dans l'avenir, & nous nous perfuadons, que fecondés par l'habile directeur, dont nous avons déjà pu apprécier le zèle, l'intelligence & le dévoûment, il nous fera possible de hâter l'époque du développement d'une entreprife qui a toutes nos prédilections, comme elle continuera à avoir tous nos foins.

Dans ce but, nous avons besoin également de compter fur le concours de tous nos Actionnaires qui, ayant contribué à la fondation de notre établiffement, peuvent, auffi bien que nous, en faire comprendre & apprécier l'utilité.

Après avoir entendu le rapport de MM. les Cenfeurs, vous aurez, Meffieurs, aux termes des ftatuts, à approuver nos comptes, puis à procéder à l'élection des trois membres du Confeil d'adminiftration & de celui de MM. les Cenfeurs qui ont été défignés par le fort pour fortir cette année.

Ce font MM. Arlès-Dufour, Oscar Galline & Charles Roé,

Et M. Edouard Tresca, cenfeur, qui font tous rééligibles.

RAPPORT DE M. EMILIEN TEISSIER

Au nom des Cenſeurs.

MESSIEURS,

LE rapport que vous venez d'entendre vous a fait connaître dans tous ſes détails les opérations & la ſituation du Magaſin général, ainſi que les réſultats qui ont été obtenus. Les Cenſeurs n'ont point à revenir ſur ces détails qu'ils ne pourraient que répéter. Ils ſe borneront donc à vous faire connaître qu'ils ont vérifié avec ſoin les écritures & qu'ils les ont trouvées établies & tenues avec la plus grande régularité & de manière à pouvoir conſtater chaque jour la ſituation financière & matérielle du Magaſin général. Nous n'avons donc que des éloges à donner à la Direction.

Mais permettez-moi d'ajouter que nous partageons la confiance du Conſeil d'adminiſtration sur l'avenir qui eſt réſervé au Magaſin général.

Lorſqu'une idée nouvelle ſe produit, elle a d'abord quelque peine à s'emparer des eſprits, & ce n'eſt que le temps qui les accoutume à en tirer tout le parti dont elle eſt suſceptible. Je me ſouviens qu'il y a vingt-cinq ans, lorſque la Banque de Lyon fut créée, j'ai entendu des perſonnes qui regardaient les Banques comme des établiſſements dangereux, dire que les maiſons qui remettraient leur papier à l'escompte, verraient leur crédit notablement altéré, & que beaucoup n'oseraient pas le risquer. Bien peu de temps s'était écoulé que la Banque escomptait annuellement 180 millions de papier sur Lyon, que les meilleures Maisons lui remettaient le leur, & que les personnes d'abord si opposées reconnaissaient qu'une Banque était indispensable dans une ville aussi commerçante que Lyon.

Tel sera le sort du Magasin général. On ne tardera pas à reconnaître que c'est une idée heureuse, que celle de la création d'un établissement qui permet de mobiliser la marchandise & de s'en faire une ressource dans les moments de crise sans la sacrifier par des ventes à tout prix, & qui en temps de prospérité accroît la puissance financière de la place & facilite sur une grande échelle l'importation des soies asiatiques.

On vous remerciera alors, Messieurs, d'avoir doté la ville d'une aussi utile création.

TROISIEME ASSEMBLEE GENERALE
du 15 février 1862.

RAPPORT DE M. ARLÈS-DUFOUR
au nom du Conſeil d'adminiſtration.

Messieurs,

DEPUIS la dernière aſſemblée générale du 7 février 1861, la poſition du Magaſin général des ſoies n'a ceſſé de s'améliorer.

La progreſſion lente, mais conſtante des dépôts & de la priſe des warrants, prouve que les préventions contre ces opérations ſi normales s'affaibliſſent de jour en jour & nous fait eſpérer que nous les verrons diſparaître comme ont diſparu les préventions qui accueillirent la Banque de Lyon à ſa création.

Rien ne contribuerait plus à amener ce réſultat qu'une abondante récolte ; mais, à ce ſujet, on ne peut formuler que des vœux ou des ſuppoſitions.

Au 31 décembre dernier, clôture de notre inventaire, nous n'avions que dix-huit mois d'exiſtence, ſoit trois exercices ſemeſtriels, dont les opérations ſe réſument par les chiffres ſuivants :

	Balles.	Kilogr.	Warrants.	MONTANT des Warrants.	Bulletins.	MONTANT des Bulletins.
				fr.		fr.
1er exercice, du 1er juillet au 31 décembre 1860 . .	85	5,184	54	249,998	41	176,556
2e exercice, du 1er janvier au 30 juin 1861.	515	34,661	230	1,691,295	146	833,325
3e exercice, du 1er juillet au 31 décembre 1861 . .	291	74,368	394	2,333,094	332	1,412,850
Nous ajouterons que ce mouvement s'eſt ſoutenu, car le Magaſin général a reçu, depuis le 1er janvier juſqu'à ce jour 15 février.	287	24,391	173	1,047,219	117	450,082

Malgré cet accroiſſement conſtamment progreſſif des opérations du Magaſin général & la ſévère économie apportée par ſon directeur dans les frais généraux, nous n'avons pas encore atteint un chiffre d'affaires ſuffiſant pour couvrir les dépenſes ; auſſi l'inventaire comprenant les deux exercices de 1861, ſe ſolde-t-il par un déficit de 12,955 fr. 75 c. ſe diviſant comme ſuit :

A la charge du premier ſemeſtre . .	7,933 fr.	40 c.
& à la charge du deuxième ſemeſtre .	5,022	35
A reporter, total général .	12,955	75

Report du total général. . .	12,975 fr.	55 c.
Ce déficit joint à celui du 1er exercice, comprenant le 2e femeftre 1860, qui était de.	6,483	35
élève la perte totale au 31 décembre dernier à	19,439	10

Nous dépofons fur le bureau les deux bilans aux 30 juin & 31 décembre 1861, ainfi que les tableaux comparatifs des comptes de frais généraux & de profits & pertes pour les trois exercices expirés.

Vous y remarquerez, Meffieurs, que pendant le premier, qui comprenait les fix derniers mois de 1860, les frais généraux s'élevèrent à. . . . . . 26,949 fr. 23 c.
tandis qu'ils n'ont été que de 19,086 69
pour le fecond, & de 18,515 26
pour le troifième.

L'excédant à la charge du premier exercice s'explique par ce fait, qu'il dut fupporter une année entière du bail de notre local à partir du 1er novembre 1859, tandis que les deux exercices fuivants n'ont eu à fupporter que fix mois, foit 6,102 fr., au lieu de 12,204 fr.

Par contre, le premier exercice a bénéficié des intérêts de deux années, à 2 1/2 %, fur les 370,000 fr. verfés, dès la fin de 1858, chez MM. P. Galline & Ce, banquiers de la Société, foit de 18,595 fr. 78 c. qui ont été portés au crédit du compte de profits & pertes, ce qui fait que ce premier exercice, bien qu'avec des frais plus élevés de 9,000 fr. & des recettes tout à fait infignifiantes, a été clos avec une perte moindre que celle de l'exercice fuivant, pendant lequel il n'a été porté au crédit du compte de profits & pertes que 6,366 fr. 80 c. pour intérêts de six mois sur un capital réduit dès lors à 311,579 fr. 55 c. par les dépenses faites pour frais de premier établissement & achat mobilier ; encore cet intérêt ne s'est-il élevé à cette somme que par suite de l'achat que nous avons fait, dès les premiers jours de 1860, de 11,000 fr. de rentes 3 % qui, au cours moyen de 68 fr. 83 c., représentaient un capital de . . . . 252,368 fr. 65 c.

Plus tard, au mois de septembre suivant, nous avons encore acheté 1,500 francs de rentes 3 % qui, au cours de 69 fr. 17 c. 1/2, ont nécessité un nouveau débours de caisse de 34,607 85

Nous avons donc aujourd'hui 12,500 fr. de rentes nous ayant coûté. . . . 286,977 50
soit, en prix moyen, 68 fr. 83 c. 1/4.

Depuis notre première assemblée générale du 6 juin 1860, dans laquelle nous vous fîmes part de notre décision de placer en rentes la plus forte partie de notre capital, dix-huit mois se sont écoulés, pendant lesquels la pratique des opérations a confirmé nos prévisions & notre conviction sur l'inutilité, pour les opérations qui nous sont permises, de conserver de fortes sommes oisives.

Nous sommes de plus en plus convaincus que lorsque nous atteindrons la phase des profits, le rôle de notre capital ne devra être que celui d'un capital de garantie, ainsi que dans les Compagnies d'assurance.

Nous avions donc raison de vous dire, dans notre premier rapport, qu'il était probable que les 100 fr. versés par action seraient, pendant longtemps, plus que suffisants.

Voici, d'ailleurs, le résumé de notre position financière :

Notre actif est représenté

1° Par 12,500 fr. de rentes 3 %, ayant coûté 286,977 fr. 50 c.

2° par	24,016	05	à notre crédit chez nos banquiers au 31 décembre.
3° par	3,747	75	espèces en caisse au 31 décembre.
4° par	182	20	de divers débiteurs.
	314,923	50	
dont il faut déduire. .	14,716	05	dus à divers pour espèces déposées
	300,217	45	ci . . . . 300,217 fr. 45 c.

Nous croyons pouvoir porter à l'actif ou à l'avoir les frais de premier établissement & de mobilier, soit	50,343	45
Ce qui élève l'actif à	350,560	90
Le passif étant de.	370,000	»
provenant du versement de 100 fr. sur 3,700 actions.		
La différence est de.	19,439	10
pour les trois exercices, soit de 5 fr. 25 par action.		

Ce résultat, Messieurs, n'a rien qui doive vous surprendre, ni vous faire douter de l'avenir de notre établissement, &, sans chercher à nous créer des illusions, mais nous bornant à juger de l'avenir par le passé, nous avons tout lieu d'efpérer que l'année courante fera la dernière de nos facrifices & que les réfultats de 1863 nous permettront de fervir au moins l'intérêt du capital verfé fans avoir à le prendre fur ce capital lui-même ; jufque-là vos Adminiftrateurs & vos Cenfeurs continueront de s'abftenir de toute allocation de jetons de préfence, fans pour cela ceffer leur concours le plus dévoué au Magafin général.

Nous ne terminerons pas fans payer ici un juste tribut d'éloges à M. le Directeur, dont le zèle & l'intelligente activité ne fe font pas ralentis un moment, & nous ferons fon interprète en ajoutant que les employés fous fes ordres le fecondent de leur mieux.

Permettez-nous de vous répéter en terminant, Meffieurs, que malgré la perte éprouvée, perte qui doit être confidérée plutôt comme des frais de mife en œuvre que comme une perte réelle, votre Confeil d'adminiftration eft plein de confiance dans l'avenir de l'établiffement d'utilité publique qu'il eft parvenu à fonder, grâce à votre concours.

Après avoir entendu le rapport de MM. les Cenfeurs, vous aurez, Meffieurs, aux termes de nos ftatuts :

A approuver nos comptes, à procéder enfuite à l'élection de trois membres du Confeil d'adminiftration & de celui de MM. les Cenfeurs qui ont été défignés par le fort pour fortir cette année.

Ce font MM. Saint-Olive, A. Monterrad & E. Durand, adminiftrateurs, & M. E. Teissier, cenfeur, qui, aux termes des ftatuts, font tous rééligibles.

RAPPORT DE M. E. TRESCA

au nom des Cenfeurs.

Messieurs,

E rapport du Confeil d'adminiftration vous a fait connaître les réfultats obtenus par le Magafin général pendant l'année 1861. Ces réfultats ne font pas encore tels que nous les défirons; &, fi nous étions en face d'une réunion d'actionnaires étrangers les uns aux autres, exclufivement préocupés des dividendes à toucher immédiatement, nous pourrions craindre de la déception chez quelques-uns. Heureufement, il n'en eft pas ainfi; nous fommes tous Lyonnais ayant voulu doter notre ville d'une inftitution émminemment utile, &, tout en regrettant que, malgré la marche toujours croiffante de nos affaires, nous n'ayons pas encore atteint la période des bénéfices, nous ne nous plaindrons pas en penfant avec raifon que, vu la marche toujours progreffive des affaires, cette période ne peut être éloignée.

Permettez-moi de vous rendre compte, en quelques mots, de la miffion que vous avez confiée aux Cenfeurs :

L'examen attentif que nous avons fait des écritures nous a prouvé qu'elles continuent à être tenues avec une grande précifion; nous devons ajouter qu'un ordre parfait règne dans toutes les opérations, & que la plus févère économie préside à toutes les dépenses réduites au minimum indispensable.

Les justes préoccupations des escompteurs de warrants, touchant la manière dont se font les estimations des soies déposées au Magasin général, nous ont mis dans le cas de porter nos investigations sur cette partie si essentielle du service, & nous avons pu nous convaincre que les expertises sont toutes faites à la diligence & sous la présence du Directeur ou de son délégué; qu'aucun renouvellement de warrant n'a lieu sans qu'une nouvelle expertise ne l'ait précédé & en cas de baisse, la différence n'ait été préalablement remboursée par l'emprunteur. Ce service est donc dirigé de manière à donner au public toutes les garanties qu'il a droit d'exiger.

Celui des assurances contre l'incendie, qui intéresse à un si haut degré les déposants, les escompteurs de warrants & les actionnaires du Magasin général, se fait quotidiennement avec la plus grande vigilance, & les sommes assurées aux diverses compagnies, sont constamment tenues au-dessus de celles assurées par le Magasin général aux déposants.

L'état de ce compte, arrêté aujourd'hui, présente les chiffres ci-après:

Assurances contractées par le Magasin général à diverses compagnies. . . . . 3,550,000 fr.

Sommes assurées par le Magasin général aux déposants de marchandises. . 3,437,581

Excédant . . . . . 112,499 fr.

Enfin, nous avons visité les salles d'entrepôt & les marchandises y déposées, & nous avons trouvé partout une excellente tenue & un ordre parfait. Mais une réflexion nous a frappés en voyant tant de ſoies retirées pour ainſi dire de la vente & ſéqueſtrées triſtement loin des yeux de l'acheteur ; nous nous ſommes demandé quelle pouvait donc être la raiſon d'une telle ſéqueſtration, ſi peu en harmonie avec l'eſprit de l'inſtitution des Magaſins généraux, & auſſi préjudiciable aux intérêts particuliers des dépoſants, qui la ſubiſſent, qu'aux intérêts généraux des vendeurs, des acheteurs & des courtiers, & nous ſommes arrivés à cette concluſion : que le Magaſin général des ſoies doit être un établiſſement conſtamment acceſſible aux acheteurs, & dans lequel tout dépoſant qui en fait la demande, doit avoir le droit de faire expoſer ſes marchandiſes à la vente, ſous la reſponſabilité de la Compagnie, ſans que cela donne lieu à aucune augmentation de frais.

Des ſalles pourraient être ſpécialement réſervées à l'entrepôt des marchandiſes qui ſeraient momentanément hors vente.

Nous attirons toute l'attention de l'Adminiſtration ſur cette voie nouvelle, que notre qualité de Cenſeur nous fait un devoir de lui ſignaler.

Comme vous voyez, Meſſieurs, nous n'avons que des éloges à donner à la Direction. Elle eſt à la hauteur de ſon mandat, & lorſqu'il s'agit de tout créer, ce n'eſt pas choſe facile ; elle a pour elle habileté, dévoûment & foi dans le ſuccès ; appuyons-la dans ſon initiative, facilitons ſes efforts, & ne négligeons rien pour fonder ſur des baſes ſolides un établiſſement appelé à rendre d'immenſes ſervices, & dont, peut-être, nous pourrions dire déjà que notre ville ne peut plus ſe paſſer.

QUATRIEME ASSEMBLEE GENERALE
du 28 février 1863.

RAPPORT DE M. ARLÈS-DUFOUR
au nom du Conseil d'Adminiſtration.

MESSIEURS,

CONFORMEMENT à l'article 48 de nos ſtatuts, vous avez été convoqués en aſſemblée générale *ordinaire* pour entendre le rapport annuel du Conſeil d'adminiſtration, ſtatuer ſur les comptes de l'exercice de 1862, pourvoir au remplacement de trois Adminiſtrateurs & d'un Cenſeur dont les fonctions ſont expirées, & enſuite, en aſſemblée générale *extraordinaire*, pour délibérer ſur des modifications importantes aux Statuts de notre Société.

Dans notre rapport, à la dernière aſſemblée générale, nous vous faiſions eſpérer que l'année 1862 ſerait la dernière de nos ſacrifices, & que les réſultats de 1863 nous permettraient de ſervir au moins l'intérêt du capital verſé.

Nous ſommes heureux de pouvoir vous annonçer que ces eſpérances ſe réaliſent.

En effet, vous verrez par les comptes que nous vous préſentons que, pendant l'année 1862, nous avons, non-ſeulement couvert nos frais généraux, mais regagné les 19, 439 fr. 10 c. perdus pendant les dix-huit premiers mois de notre exiſtence. Le compte de profits & pertes ſe balance par un reliquat de 296 fr. 08 c. que nous portons au crédit de l'exercice de 1863.

Nous ſommes donc entrés dans la phaſe normale, & tout nous fait eſpérer qu'à l'avenir nous n'aurons plus à vous préſenter dans nos comptes-rendus annuels que des bénéfices rémunérateurs de la confiance que vous avez conſervée dans le ſuccès d'une entrepriſe qui, quoique d'utilité publique, a dû lutter contre des préventions & des préjugés fortement enracinés.

Ce qui juſtifie le mieux cette eſpérance, c'eſt le mouvement comparatif des exercices de 1861 & de 1862.

En 1861, le magaſin général a reçu :

1436 balles & délivré 624 warrants

—	—	s'élevant à fr.	4,024,389
—	— 478 bulletins de garantie		
—	—	s'élevant à fr.	2,246,175

En 1862, il a reçu :

3402 balles & délivré 1916 warrants

—	—	s'élevant à fr.	15,073,522
—	& 1469 bulletins de garantie		
—	—	s'élevant à fr.	7,942,737

Ce mouvement afcendant fe foutient, car les deux premiers mois de 1863 préfentent fur ceux correfpondants de 1862, un furplus

de 425 balles,
de 458 warrants émis,
de 1,545,906 francs, fur les fommes warrantées,
de 223 bulletins de garantie,
de 1,349,819 francs fur les fommes garanties,

Malgré cette augmentation confidérable du mouvement, & par conféquent du travail, les frais généraux n'ont prefque pas augmenté. Ils étaient, pour 1861, de 37,602 francs, & ils n'ont été que de 39,154 francs en 1862. C'eft ici le moment d'exprimer à M. le Directeur, l'extrême fatisfaction du Confeil pour le zèle actif, éclairé & dévoué qu'il apporte au fervice de notre établiffement.

Nous fommes heureux d'ajouter que tous fes employés le fecondent de leur mieux & méritent auffi nos éloges.

Malgré le réfultat relativement favorable de l'exercice de 1862, vos Adminiftrateurs & vos Cenfeurs ont jugé convenable de s'abftenir encore de toute allocation de jetons de préfence, mais ils penfent que déformais cette abftention n'aura plus de raifon d'être. Vous remarquerez, Meffieurs, que cette progreffion rapide s'eft opérée dans les circonftances les plus défavorables, malgré la crife américaine qui, depuis deux ans, limite l'activité de nos fabriques, & malgré la perfiftance des mauvaifes récoltes des foies en Europe qui, en maintenant leur rareté, empêche l'encombrement des magafins particuliers & diminue auffi les befoins d'argent ou de crédit.

Nous avons à vous fignaler d'ailleurs, à l'appui de notre foi dans l'avenir de notre Société, plufieurs faits de la plus haute importance.

C'eft, d'abord, la récente décifion de l'Empereur qui, pourfuivant énergiquement l'application de la nouvelle politique commerciale qu'il a inaugurée par le traité de commerce avec l'Angleterre, abolit par décret tous les droits d'entrée qui frappaient encore les foies étrangères, gréges & ouvrées.

Cette mefure libérale rend inutile & même onéreux l'entrepôt en douane des foies étrangères, qui, déformais, qu'elles foient deftinées à un tranfit ultérieur ou à des tentatives de vente durant leur parcours, auront tout avantage à féjourner dans les Magafins généraux plutôt qu'en douane.

Nous manquerions à un devoir, fi à ce fujet, nous n'exprimions ici, au nom du Commerce & de l'Induftrie, autant qu'au nôtre, notre gratitude envers la Chambre de Commerce de Lyon, & furtout envers S. Exc. M. le Miniftre du Commerce, pour la part importante qu'ils ont eue dans ce nouveau pas vers la liberté commerciale.

Nous fignalerons auffi la faculté que la Compagnie des fervices maritimes des Meffageries impériales donne au commerce d'entrepofer fans frais, pendant un mois au moins, dans les Magafins généraux, les foies étrangères apportées en France par fes fervices maritimes de l'Indo-Chine & du Levant.

Cette mefure libérale fera complétée par celle que promettent de prendre les Compagnies des chemins de fer de la Méditerranée & du Nord, qui permettrait aux soies de rompre charge, à Avignon, à Lyon ou à Paris, sans perdre le bénéfice du tarif international appliqué au transit.

Enfin, Messieurs, nous comptons beaucoup sur la réalisation du désir exprimé par les hommes honorables & importants qui administrent les Docks de Marseille & le Magasin général d'Avignon, ainsi que par plusieurs maisons considérables du commerce des soies de Paris de voir notre Société fonder des succursales dans ces trois villes.

Ainsi donc, grâce aux nouveaux avantages acquis ou sollicités, les soies étrangères apportées à Marseille par les services maritimes de la Compagnie des Messageries impériales, auront un mois entier d'entrepôt gratuit dans nos Magasins généraux de Marseille, d'Avignon, de Lyon ou de Paris, &, lorsque après avoir rompu charge pour tenter la vente sur l'un ou l'autre de ces marchés, elles reprendront leur marche vers la frontière, elles jouiront du bénéfice du tarif international appliqué au transit.

Ces avantages seront couronnés par l'uniformité des règlements & des tarifs qui régiront tous nos magasins.

C'est le projet de fonder les trois succursales de Marseille, d'Avignon & de Paris, dont l'exécution exige des modifications à nos Statuts, qui motive l'Assemblée générale *extraordinaire* à laquelle nous vous avons convoqués & qui, pour délibérer valablement, doit remplir les conditions stipulées dans l'article 63 de nos Statuts.

Nous déposons sur le bureau le bilan au 31 décembre dernier qui se résume ainsi :

Actif.

Caiſſe.	1,251 fr.	84 c.
Somme diſponible à la Banque . . .	6,468	09
Coupons de rentes, échus à encaiſſer.	3,125	»
P. Galline & Cie, débiteurs en compte courant	11,436	10
Rentes, 3 p. %.	286,977	50
Frais dus au 31 décembre par les ſoies en entrepôt	2,222	95
Débiteurs divers	15,349	10
Frais de premier établiſſement & de mobilier, à amortir.	52,524	95
TOTAL.	379,355	53

Paſſif.

Capital verſé	370,000 fr.	» c.
Créanciers divers.	9,059	45
Profits & pertes.	296	08
TOTAL EGAL.	379,355	53

Voici le mouvement du compte de profits & pertes :

Débit.

Pertes antérieures à 1862.	19,439 fr.	10 c.
Perte éprouvée en 1862 ſur la vente de ſoie provenant de la faillite Méjean qui n'a pas produit la ſomme garantie par le Magaſin général & rembourſée à la Banque	477	15
Frais généraux de l'année	39,153	99
Balance en bénéfice	296	08
TOTAL.	59,366	32

Crédit.

Bénéfice au compte de manutention générale	43,074 fr.	85 c.
Produit des ventes publiques.	3,514	92
Intérêts produits par le capital placé en rentes & en banque	12,776	55
TOTAL EGAL.	59,366	32

Après la lecture du rapport de Messieurs les Censeurs, vous aurez, aux termes des Statuts, à approuver nos comptes & à procéder à l'élection de trois membres du Conseil d'Administration que le sort a désignés pour sortir cette année, & d'un Censeur dont les fonctions sont expirées au 31 décembre dernier.

Ce sont MM. J. DENAVIT, Félix VERNES & Natalis RONDOT, Administrateurs, & M. P. DUGAS, Censeur, qui, aux termes des Statuts, sont tous rééligibles.

Ces opérations terminées, vous aurez à délibérer comme Assemblée générale *extraordinaire* sur les résolutions suivantes que nous vous proposons d'adopter.

RESOLUTIONS.

I.

L'Assemblée générale extraordinaire, délibérant aux termes des articles 3, 54 & 73 des Statuts sociaux, autorise l'établissement, à Avignon, d'un Magasin général des soies, annexe de celui de Lyon, & d'une Salle de ventes publiques;

II.

Elle autorife à recevoir les garances conjointement avec les foies, dans la fuccurfale d'Avignon, & aux conditions énoncées dans les décrets & ftatuts inftitutifs de la Société anonyme du Magafin général des foies de Lyon ;

III.

Elle autorife l'exploitation, à Marfeille, d'un Magafin général des foies, annexe de celui de Lyon, & d'une Salle de ventes publiques ;

IV.

Elle autorife l'établiffement, à Paris, d'un Magafin général des foies, annexe de celui de Lyon, & d'une Salle de ventes publiques ;

V.

Elle donne les pouvoirs les plus étendus à MM. Arlès-Dufour, Natalis Rondot & Félix Vernes, autorifés à agir & figner enfemble ou féparément ;

1° De fuivre auprès du Gouvernement la demande en autorifation de formation de fuccurfales du Magafin général des foies de Lyon :

A Avignon, pour les foies & garances ;

A Marfeille & à Paris, pour les foies exclufivement ;

2° Aux fins ci-deffus, confentir toutes additions, retranchements ou modifications aux Statuts, qui feraient demandés par le Gouvernement;

3° Propofer tous changements, ou modifications qui feraient reconnus néceffaires.

VI.

L'Affemblée générale extraordinaire donne, en outre, à MM. Arlès-Dufour, Henri Aynard, Ofcar Galline, Adolphe Girodon, Natalis Rondot & Félix Vernes, les pouvoirs les plus étendus, de fuivre toutes négociations, rédiger, paffer, figner tous traités, faire tous extraits, dépôts & publications, & généralement tout ce qu'il appartiendra, pour la pleine & entière exécution des préfentes Réfolutions : lesdits membres actuels du Confeil d'adminiftration ayant tous pouvoirs d'agir & figner enfemble ou féparément.

Nous terminerons en vous remerciant, Meffieurs, de la confiance que vous avez mife en nous & qui n'a pas été ébranlée par les pertes que le Magafin général a données pendant les deux premières années de fon établiffement. Cette confiance, en foutenant la nôtre, a contribué & contribuera toujours, nous l'efpérons, au fuccès de notre belle & utile entreprife.

RAPPORT DE M. P. DUGAS

au nom des Cenſeurs.

MESSIEURS,

LE rôle des Cenſeurs du Magaſin général des ſoies eſt bien facile, & la miſſion dont ils ſont chargés aujourd'hui auprès de vous, n'exige pas de grands efforts d'éloquence. Félicitons-nous en les uns les autres, car cela prouve une choſe : c'eſt que nous n'avons qu'à vous répéter ce qu'on vous diſait en 1861, ce qu'on vous a dit en 1862, ſavoir : que les écritures ſont tenues avec une régularité irréprochable, & que l'ordre le plus ſévère règne à tous les degrés, ſoit dans la comptabilité, ſoit dans le mouvement des marchandiſes.

Et cependant, Meſſieurs, ce détail eſt beaucoup plus minutieux que vous ne vous l'imaginez probablement à première vue. Ce n'eſt pas ſeulement chaque dépoſant, & chaque lot de ſoies, mais encore chaque balle, qui doit avoir ſon compte-courant ſpécial. D'un côté, ce ſont les frais de factage, de camionnage, de magaſinage, d'aſſurance, le warrant ſimple, le warrant garanti, la ſortie de chaque échantillon ; de l'autre, le prix d'eſtimation de la ſoie, la ſomme pour laquelle elle eſt aſſurée, & la rentrée des échantillons, à meſure qu'elle s'opère. Tout cela n'eſt pas une petite beſogne, ſurtout quand le mouvement porte, comme l'année dernière, ſur un chiffre de 3,402 balles, & vous voyez qu'il n'eſt pas trop, pour la ſurveiller, de l'activité & de l'intelligence de M. le Directeur.

Le rapport de M. le Préſident du Conſeil d'adminiſtration vous ouvre des horizons nouveaux, & vous laiſſe entrevoir comme prochain le jour où le Magaſin général pourra élargir ſa ſphère d'action. Nous ſaluons, avec vous, Meſſieurs, cette perſpective de tous nos vœux ; car il nous tarde de voir le Magaſin général perdre les allures un peu étroites auxquelles il a été réduit juſqu'ici, & faire taire les préventions qui exiſtent encore contre lui chez pluſieurs de nos plus honorables négociants, en fondant les baſes principales de ſa proſpérité ſur les facilités qu'il offrira à l'importation des ſoies aſiatiques, devenues déſormais une néceſſité pour les Fabriques européennes.

CONSEIL D'ADMINISTRATION.

Préſident : M. Arlès-Dufour, ancien négociant, Commandeur de l'Ordre de la Légion d'honneur, Membre du Conſeil général du Rhône, du Conſeil municipal & de la Chambre de Commerce de Lyon, Cenſeur de la Banque ;

Vice-Préſident : M. Oſcar Galline, banquier, Chevalier de l'Ordre de la Légion d'honneur, ancien Juge au Tribunal de Commerce, Membre de la Chambre de Commerce, du Conſeil d'adminiſtration des Hôpitaux, Adminiſtrateur de la Banque.

ADMINISTRATEURS :

MM. Henry Aynard, banquier, Chevalier de l'Ordre de la Légion d'honneur, ancien Préſident du Tribunal de Commerce, Membre de la Chambre de Commerce, Cenſeur de la Banque;

Paul Chartron, négociant, marchand de ſoies;

Joſeph Denavit, négociant, marchand de ſoies, ancien Juge au Tribunal de Commerce;

Eugène Durand, fabricant d'étoffes de ſoie;

Adolphe Girodon, fabricant d'étoffes de ſoie, Chevalier de l'Ordre de la Légion d'honneur, ancien Membre de la Chambre de Commerce;

Amédée Monterrad, ancien fabricant d'étoffes de ſoie, Membre de la Chambre de Commerce, du Conſeil d'adminiſtration des Hôpitaux & Adminiſtrateur de la Banque;

Charles Roé, négociant, marchand de ſoies;

Natalis RONDOT, Officier de l'Ordre de la Légion d'honneur, ancien Membre de la Miffion de France en Chine, Délégué de la Chambre de Commerce, à Paris;

SAINT-OLIVE, ancien fabricant d'étoffes de foie, Préfident du Confeil d'adminiftration du Mont-de-Piété, Cenfeur de la Banque.

Félix VERNES, banquier, à Paris.

CENSEURS :

MM. Emilien TEISSIER, Chevalier de l'Ordre de la Légion d'honneur, Directeur de la Succurfale de la Banque de France;

Profper DUGAS, négociant, marchand de foies;

Edouard TRESCA, fabricant d'étoffes de foie.

DIRECTEUR DU MAGASIN GENERAL :

M. PHILIPPE, ancien négociant, ancien Adminiftrateur de la Banque.

TABLE DES MATIERES.

Lyon. — Impr. de Louis Perrin.

www.ingramcontent.com/pod-product-compliance
Ingram Content Group UK Ltd.
Pitfield, Milton Keynes, MK11 3LW, UK
UKHW020325250726
13967UKWH00004B/1861

9 782011 945914